绿肥种植与利用

◎ 王宏航　周江明　童文彬　主编

中国农业科学技术出版社

图书在版编目（CIP）数据

绿肥种植与利用 / 王宏航，周江明，童文彬主编 .—北京：中国农业科学技术出版社，2018. 8

ISBN 978-7-5116-3820-5

Ⅰ. ①绿…　Ⅱ. ①王…②周…③童…　Ⅲ. ①绿肥作物　Ⅳ. ①S55

中国版本图书馆 CIP 数据核字（2018）第 181818 号

责任编辑　李　雪　徐定娜
责任校对　贾海霞

出 版 者　中国农业科学技术出版社
北京市中关村南大街 12 号　邮编：100081
电　　话　（010）82109707（编辑室）（010）82109702（发行部）
（010）82109709（读者服务部）
传　　真　（010）82106631
网　　址　http://www.castp.cn
经 销 者　各地新华书店
印 刷 者　北京建宏印刷有限公司
开　　本　787mm×1 092mm　1/16
印　　张　9
字　　数　181 千字
版　　次　2018 年 8 月第 1 版　2018 年 8 月第 1 次印刷
定　　价　58. 00 元

《绿肥种植与利用》

编写人员

主　　编　王宏航　周江明　童文彬

参编人员（以姓氏笔画为序）

王宏航　王晓东　尹献远　汪玉磊

李荣会　杨佳佳　陈胜浩　邵银康

周江明　俞乒乒　徐　静　徐　霄

童文彬　童　霁　詹志钧

内容简介

本书全面地论述了绿肥发展历史及其在现代农业中的贡献，系统地介绍了我国主要几种绿肥的种植技术及其综合利用途径，详细地分析了当前绿肥发展的巨大潜力及存在瓶颈，并对今后解决问题与发展前景进行了展望。主要内容有：绿肥起源、种质资源、分布状况、栽培技术与展望等。本书可供土壤质量科研工作者改良土壤环境与应用的参考书，也可供农林、环保、国土、水利等领域生产实践工作者使用。

前　　言

绿肥已有几千年的栽培历史，是我国传统的重要有机肥料，也是我国传统农业的瑰宝。长期以来，绿肥在耕地地力培育、粮食增产、增加经济收入、防治水土流失、固碳减排、生态环境保护及降低面源污染等方面起到重要作用，特别在20世纪70年代的粮食生产中，为解决当时几亿人的吃饭问题做出了重大贡献。然而，从20世纪80年代开始，随着我国化学肥料的引进及推广普及，绿肥种植面积迅速减少，而化学肥料因具有见效快、操作方便等优势施用量激增，绿肥生产进入了衰退期。

近几年来，农业生产偏面依赖化肥的负面影响逐渐显现：面源污染加重、耕地质量退化、生产成本上升、农产品质量下降及经济发展和环境保护相矛盾等，严重制约了农业可持续健康发展。而耕地作为我国最为宝贵的资源，对于国家的长治久安具有重要的现实意义，其质量不仅是粮食生产和粮食安全的基础，还与人类健康以及生态环境的可持续发展息息相关。因此，我国政府开始越来越重视耕地质量建设，社会各界开始越来越关注生态环境质量和农产品健康。而通过发展绿肥产业，可在很大程度上解决上述存在的问题，也符合习近平总书记倡议的“绿水青山就是金山银山”生态环保发展理念。今后较长的时期内，种植业结构调整、农业面源污染削减、农田生态改善、耕地用养结合、农产品提质增效等是我国持续发展农业的主要战略性任务，绿肥在这些任务中具有不可替代的作用，在这新形势下，绿肥生产势必会得到不断发展。

鉴于此，我们收集了大量农业科技工作者的研究成果，并加以整理总结而编成此书，以期为今后绿肥生产的快速发展做出一点贡献。

本书共分8章，第1章详细介绍了世界及我国绿肥发展历史及其在现代农业中的作用；第 2~7 章根据我国各地气候条件、土壤属性、当地生产习惯等不同而详细介绍区域绿肥适宜品种的生物学特性、种质资源状况、种植技术及其综合利用等；第 8 章指出当前绿肥发展存在的瓶颈及对未来的展望。本书编写分工如下：浙江省衢州市土肥与农村能源技术推广站高级农艺师王宏航编著第 6 章；浙江省江山市农业技术推广中心高级农艺师周江明编著前言、第 1 章、第 2 章、第 4 章和第 8 章，且对全书进行了统稿；浙江省衢江区土肥站高级农艺师童文彬编著第 3 章、第 5 章和第 7 章。王晓东查阅并修改了全书涉及绿肥作物病虫害内容，其他人员参与本书内容的研究、部分章节修改及其文字校对等工作。

由于编者水平有限，错漏之处尚请各位同仁和广大读者给予指正。

编者

2018 年 7 月 5 日

目　　录

第一章　中国绿肥生产概况

绿肥是指利用植物生长过程中所产生的全部或部分新鲜植物体原地或异地直接翻压或者经过堆沤发酵后施用到土地中作肥料的绿色植物体[1]，顾名思义也即“绿色的肥料”。它是生态农业的重要组成部分，是中国传统农业的精华，曾在农业生产中起到举足轻重的作用，为中国粮食稳定和发展做出了重大贡献。

第一节　绿肥种植发展历史

中国是世界上从事农业生产最早的国家之一，几千年以前，中国劳动人民就采用了耕作、施肥、改土、轮作换茬等一系列农业措施来促进农业生产，其中利用绿肥培育地力，则是古代农业技术突出的成就之一。

根据《中国农史》记载[2]，早在西周和春秋战国时代（公元前1066—公元前211年），人们就开始利用锄掉的腐烂杂草来肥田，已有烂草肥田的意识。到西汉时期（公元前32—公元前7年），已提出“须草生，至可耕时，有雨即种，土相亲，苗独生，草秽烂，皆成良田”的养草肥田农业措施，类似于现代生草轮作制度。公元129年张骞出使西域时带回了苜蓿，促进了利用野生绿肥和养草肥田向利用栽培品种的演变，开创了栽培绿肥的生产体系。之后几百年间，人们不仅利用苜蓿养畜，而且广泛种植苕子作稻田冬绿肥，对于维持古老的土壤肥力起到了不可磨灭的作用。魏、晋、南北朝时期（主要是公元386—534年），由于南方经济发展迅速，黄河流域土地利用面积增大，农业生产中肥料需求量大，绿肥被提到了重要地位，栽培广泛、迅速发展，不仅绿肥品种增多，还将利用范围从大田发展到园艺上，生产的发展促进了科学的发展。当时一位伟大的农业科学家——贾思勰通过总结大量农业科学措施，编写了《齐民要术》。书中研究并回答了一些技术理论，例如：测定了不同绿肥种类的肥效；比较了绿肥和有机肥的效果；研究了绿肥在轮作中的地位，确定了绿肥轮作制；总结桑、果行间间种绿肥的经验；提出使用绿肥肥田是省工省力的观点；提出了适宜的绿肥压青时间等。可以说此书系统地总结了中国绿肥生产经验，初步奠定了中国绿肥轮作制度，开创了绿肥试验研究的先例，对推动以后绿肥的发展起到了重大的历史作用，因此《齐民要术》一书是中国绿肥发展史上的一个重要里程碑。

到了唐、宋、元、明、清时代，绿肥种植已广泛传播，种植面积和种类已越来越多。绿肥主要种植品种从元代之前的绿豆、小豆（*Vigna angularis*）、胡麻（*Cannabis sativa*）、苕草、芜菁、蚕豆、大麦、苜蓿等发展到明清时代的紫云英、满江红、紫苜蓿、金花菜、香豆子、爬山豆、绿豆、小豆、胡麻、苕子、蚕豆、梅豆、油菜、萝卜、黧豆、茅草、大麦、小麦、水苔、萍、蔓菁等，栽培种类翻了一番多。20 世纪 40 年代，中国绿肥面积大约在 2 500万亩以上，多种植在粮食单产较高的商品粮产区，如苏南太湖流域、浙江宁绍地区、上海市郊县、成都平原、现湖平原等，说明这些地区的高产主要肥源是绿肥。

新中国成立后，中国各级政府十分重视绿肥的科学研究和生产上的推广应用。从中央到省、地市的农业科研单位均设有专门研究绿肥的机构或专人，形成了一个独立的学科体系。并根据生产和学科发展的需要，农业部于 1963 年组建了全国绿肥试验网，以紫云英为主的水田冬绿肥发展很快。全国绿肥种植面积 20 世纪 60 年代中期扩大到 1. 6 亿亩，70 年代中期达到 2. 2 亿亩，达到中国绿肥种植最高峰。70、80 年代，随着中国种植业结构调整，轮作制度改革，复种指数提高，特别是化肥用量大幅上升，绿肥面积逐年减少，下降到 1986 年的 1. 2 亿亩，2007 年再减少到7 680万亩[3]。

进入 21 世纪，中国农业农村慢慢呈现了一些问题，长期大量化学制品投入，导致资源环境压力加大、面源污染加重；耕地质量持续退化；农业生产投入成本越来越大、投入产出比率越来越小；生产和生态不协调、经济和环境不统一、经济发展和农产品质量不匹配等矛盾普遍存在，国家及社会开始越来越关注环境健康和农产品健康。因而 2006 年国家又开展了土壤有机质提升项目，主要是对种植绿肥进行补贴政策，推动了绿肥生产的迅速回升[4]。可以说，通过大力发展绿肥生产、改善土壤理化性状来降低化肥应用强度，是习总书记倡议的“绿水青山就是金山银山”生态环保发展理念的现实要求，也是现代农业生产可持续发展的必然要求。中国水田面积达4 400万亩，旱地种植面积约 1 亿亩，果园面积近2 000万亩。当前区域性、结构性、季节性闲置耕地面积约6 000 万~7 000万亩[5]，这些空置闲田为发展绿肥提供了空间。今后较长的时期内，种植业结构调整、农业面源污染削减、农田生态改善、耕地用养结合、农产品提质增效等是中国持续发展农业的主要战略性任务，绿肥在这些任务中具有不可替代的作用，绿肥生产势必会得到不断发展[4]。

第二节　绿肥在现代可持续农业中的作用

在现代农业生产中，绿肥作为农作物需求的养分来源其意义越来越小，而在改良土壤、培肥地力，保证农作物稳产、高产、优质，发展可持续农业，保护生态环境的作用则越来越大。有机无机相结合，缓急相济，互补长短，可达用地养地的目的。

一、绿肥在提升耕地土壤肥力中的作用

改革开放30多年，伴随中国经济的快速发展，工业化、城镇化、交通等建设占用优质良田面积越来越多，出现耕地面积和质量双双下降之势。虽然后来实施“占补平衡”政策，但补上的一般为偏远的山垄田、新开发耕地等，导致耕地肥力进一步下降。另一方面，长期过度注重生产及大量化肥施用，也加剧了耕地酸化、板结、养分不平衡等质量退化问题。因而改善耕地质量成为当前乃至很长时期的一个持续重要任务。传统有机肥由于家畜养殖过程在饲料中添加大量重金属元素和抗生素，往往造成粪便中重金属和抗生素含量超标，应用于耕地容易污染耕地，难以作为洁净的肥源来改善耕地质量。绿肥是绿色清洁的有机肥源，含有丰富的大量、中微量营养元素，较高的有机质[6]，对提高土壤有机质、活化营养成分、改善土壤结构、提高土壤微生物和酶活性具有显著的效果[6-10]。同时，绿肥一般适应性较强，生长迅速，可充分利用山坡地、荒地种植，也可利用空茬或果园地进行间作、套种、混播等，解决了农业生产中清洁有机肥源施用不足的问题。绿肥种植是用地和养地、改善耕地土壤理化性状、改良中低产田及新垦耕地、建设高标准农田的有效途径。

二、绿肥在提高农产品产量和质量中的作用

通过绿肥翻压入土，形成有机肥腐熟缓慢释放和化肥快速溶出的土壤供肥机制，既提高了肥料利用效率，也保证了农作物各阶段的需肥要求，从而可有效提高后茬作物产量。刘晓霞等人[11]在连续4年种植绿肥试验调查中发现，与未种植稻田相比，种植绿肥可提高水稻产量4.2%~10.4%；陈洪俊等人[12]比较了紫云英、黑麦草、油菜及混播对后期水稻产量影响，结果显示种植绿肥可显著提高水稻营养期的积累量进而增产7.0%~14.1%。在经济作物甘蔗田种植绿肥，不同绿肥品种种植区比对照区产量可增1.3%~14.0%[13]，并提高了甘蔗的抗旱能力。另外，绿肥种植可减少化肥使用量[14]及防治病虫害农药量[15]，降低农产品有害物含量，提高农产品的品质，如改善烟叶品质和增加甘蔗糖分含量[1]、提高葡萄可溶性糖含量（2.1%~6.6%）和维生素C含量（4.0%~6.4%）[16]，并增加土壤对金属元素的吸附能力及可交换态含量而降低农产品吸收积累量[17,18]等，因而绿肥是一种经济、优质、环保型肥料，对保障中国粮食数量和质量安全意义重大。

三、绿肥在防止耕地水土流失中的作用

水土流失被认为是全球性土壤退化的一个主过程[19]，尤其是它引起的土壤表层氮、磷养分流失是土地质量退化的重要原因[20]，也是农业面源污染的主要污染物[21]。通过绿肥种植，可提高土壤的入渗性能及耐溅蚀能力，并能为裸露地表提供覆盖物，增加地表覆盖面积，提高土壤保水能力，减少养分流失量。栾好安[22]等在三峡库区橘园套种多种绿肥调查显示，降雨期间可减少地表水径流量 6.4%～29.4%，总氮和总磷流失量分别下降 8.3%～40.8%和 7.5%～57.9%；朱青等人[23]也在贵州坡度较高的山坡耕地测量后认为，5—9 月份由于种植绿肥耕地覆盖率增加 18.8%～66.7%，地表水径流量和土壤侵蚀量分别下降了 31.6%～62.6%和 62.4%～78.4%，有效减少了耕地养分流失。同时，种植绿肥也有效防止农田土壤的风蚀影响，特别在多风干旱的华北地区，浮尘、扬尘、沙尘暴等灾害频发，增加地表覆盖率更显迫切[24]。

四、绿肥在防止生态环境污染中的作用

水稻作为全球主要的粮食作物，其种植面积占了整个耕地面积的 11%，而稻田系统的甲烷排放已经成为全球 CH_4 一个最主要排放源，大气中 10%～20%的 CH_4 来源于水稻种植[25]。黄睿等[26]、Xavier 等[27]及兰廷等[28]认为施用绿肥可显著提高稻田土壤有机碳和有机氮含量，增加土壤碳储存及氮总量，从而减少向空中排放温室气体（CH_4、N_2O）；同时，由于绿肥还田减少了无机养分应用量，土壤溶液中 NH_4^+-N、NO_3^--N 浓度降低，减少了稻季氮素随排水向河流等水体的迁移，降低水环境的污染风险[29]。绿肥对土壤中有毒有害污染物也有很好的去除作用，据李秀芬 100 天的盆栽试验[30]，种植紫云英及紫云英结合根瘤菌处理去除持久性有机污染物多氯联苯（polychlorinated biphenyls，PCBs）分别达 23.0%和 53.1%，显著高于对照处理；陈强培[31]对治理另一种致畸、致癌、致突变的难降解有机污物芘（PAHs）试验中也表明，添加与未添加根瘤菌剂的绿豆植株对芘的去除率分别为 76.8%～89.2%和 85.6%～90.4%，认为添加根瘤菌后种植绿豆并将绿豆收获后的生物质还田可作为污染土壤芘去除的有效措施；而部分绿肥可显著降低土壤中重金属（Zn、Cd、Cu、Pb）综合污染指数，为土壤重金属的绿色修复找到了一种既廉价又实用的环保调控措施[32]。

五、绿肥在农牧业协调发展中的作用

绿肥既是重要的耕地地力培育的有机肥源，也是畜牧业良好的饲料原料，是种植业和养殖业共同发展的纽带。绿肥中所含营养成分丰富而全面，如光叶紫花苕，干草中含粗蛋白质 14.0%~20.5%、粗脂肪 2.6%~3.0%、粗纤维 22%~27.2%、无氮浸出物 29.5%、粗灰分 10.2%、钙 1.02%、磷 0.37% 及丰富的维生素和微量元素[33]；草木樨含蛋白质 8.8%~24.6%，用去除香豆素草木樨与间作的玉米秆饲喂奶牛，产奶量提高 5.0%~8.0%，喂猪时添加脱毒的草木樨粉，日增重可达 23.4%[34]；潘磊等[35]研究也表明，采用紫云英青贮料搭配配合饲料对猪质量增加效果和料肉比与单喂配合饲料基本相同，但节约了 1/3 的精饲料，减低了生产成本。绿肥作物茎叶养畜、根茬还田，一举两得，效益成倍增长。绿肥作饲料过程中茎叶中 30%左右养分被家畜吸收转化为肉、奶等动物蛋白，其余 70%养分转化为粪尿被还田培肥地力[36]，肥饲兼用，促进农业生态的良性循环。

六、绿肥在美化田园环境中的作用

随着人们经济收入不断增加，生活水平不断提高，观光旅游与休闲旅游在各地蓬勃发展。发展绿肥生产应该坚持冬种绿肥与美化乡村、休闲农业、乡村旅游相结合，以不断满足新形势下人民日益增长的美好生活需要。在晚稻收割后，选择花色艳、花期长的观赏性高的绿肥品种（紫云英、油菜、紫花稽苜等），充分利用冬闲田发展绿肥生产，既提升土壤有机质，提高土壤保肥、保水能力，改善和保护生态环境，又美化冬春田野，打造田绿、花香、人美的胜景和“农家乐”休闲旅游景点，实现培肥地力和增加农民收入的有机结合，促进美丽乡村、幸福乡村建设。当前，各级政府根据 2018 年中央一号文件《中共中央国务院关于实施乡村振兴战略的意见》的要求，大力发展“美丽田园”农业，必然推动绿肥发展跃上新台阶。

第三节　绿肥种质资源

中国是利用绿肥培育土壤最早的国家，也是绿肥面积最大的国家，种质资源丰富、分布区域广泛[1]。自 20 世纪 50 年代开始引种绿肥起，陆续从国内原产及国外引进的大量绿肥品种资源中，选择和培育出了一批适应中国不同自然条件和耕作制度的绿肥种类和品种。目前

共有绿肥品种98种，其中豆科72种，非豆科26种，而栽培面积较大的有6科20属32种，其中豆科26种，非豆科6种[6]。按照植物学上分类，可分为豆科（*Ieguminosae*）、禾本科（*Gramineae*）、十字花科（*Brassicaceae*）和菊科（*Compositae*）等绿肥作物；根据生长季节来分，有冬季绿肥和夏季绿肥，冬季绿肥指秋冬播种、次年春夏收割的绿肥，如紫云英、苕子、蚕豌豆、茹菜、油菜等。夏季绿肥指春夏播种、夏秋收割的品种，如田菁（*Sesbania cannabina*）、竹豆（*Phaseolus calcaltus Roxb*）、柽麻等；按生态环境分为旱地绿肥、水生绿肥和稻底绿肥；按利用方式分为稻田绿肥、麦田绿肥、棉田绿肥、覆盖绿肥、肥菜兼用绿肥、肥饲兼用绿肥、肥粮兼用绿肥等，还有根据生长期分一年生绿肥和多年生绿肥等。

不同学科的绿肥品种具有不同的特点：豆科绿肥有根系发达、抗逆性强、生长迅速、结实量大、繁殖方便等生物学特点，同时，豆科作物根部的根瘤菌可固定空气中的氮元素，是重要的培肥地力生物资源。主要品种有草木樨（*Melilotus officinalis*）、箭舌豌豆（*Vicai sativa*）、蚕豆（*V. faba*）、黄豆（*Glycine max*）、绿豆（*V. radiata*）、赤豆（*V. angularis*）、紫花苜蓿（*M. sativa*）、紫云英（*Astragalus sinicus*）等。禾本科绿肥和豆科绿肥一样，同样具有发达的根系、不易倒伏、再生迅速等，培肥地力效果佳，但禾本科作物没有固氮能力，植物体中C/N比较高，对提高土壤有机质含量具有优势。主要栽培品种有高丹草、苏丹草（*Sorghum sudanense*）、黑麦草（*L. perenne*）、燕麦草（*Arrhenatherum elatius*）、老芒麦（*Elymus sibiricus*）及苇状羊茅（*Festuca arundinacea*）等。十字花科较耐寒和较强自繁能力，对光照要求不高，鲜草含氮量不高，纤维素含量高，入土后分解缓慢，且具有促进磷转化的作用，主要品种有蓝花子（*Raphanus sativus* var. *raphanistroides*）、二月兰（*Orychophragmus violaceus*）、油菜（*B. campestris*）、肥田萝卜（*Raphanus sativus* L.）等。菊科绿肥应用于培肥地力较少，饲料和药用价值上体现更多，如飞机草（*Eupatorium odoratum*）具有清热解毒、散瘀止痛和止血的功效。在实际应用中，可根据不同科属间绿肥品种不同功能，实行绿肥混播，能更好地改善土壤理化性状，达增产增收的目的[1]。

在区域分布上，中国地域广阔、气候差异大、土壤类型千差万别，因此绿肥的地域性较强，南北种植的绿肥品种存在很大差异。南方是亚热带季风气候，夏季高温多雨，冬季温和少雨，且以酸性土壤为主，种植业基础条件好，以湖南省、浙江省、安徽省和贵州省为代表，较为适宜并种植广泛的绿肥品种有：黄豆、豌豆、蚕豆、紫云英、油菜、萝卜（*Raphanus sativus* L.）、花生（*Arachis hypogaea Linn.*）、箭舌豌豆、苕子（*Vicia L*）、乌豇豆（*Vigna cylindrica*（*L.*）*Skeels*）、黑小豆、竹豆、红萍（*Azolla imbircata*（*Roxb.*）*Nakai*）、水浮莲（*Lemna minor*）、水葫芦（*Eichhornia crassipes*）、水花生（空心莲子草，*Alternanthera philoxeroides*（*Mart.*）*Griseb*）、紫穗槐（*Amorpha fruticosa Linn.*）、印度豇豆（*Vigna sesquipedalis*）、草木樨、田菁、细绿萍（*Azolla filiculoides*（*Lam.*））、羊角豆

(*Cassia occidentalis*)、猪屎豆(Crotalaria pallida Ait.)、绿豆、黑麦草、白三叶(白车轴草, *Trifolium repens* L)、紫花苜蓿、黄花苜蓿(*Medicago falcata L.*)[37-42]。北方是温带季风气候,夏季高温多雨,冬季寒冷干燥,土壤以肥沃的黑土为主,牧业发展较好,以黑龙江、内蒙古、青海为例,黑龙江主要的绿肥品种有肇东苜蓿(*Medicsgo sativa zhaodong*)、阿尔冈金(*Algonqui n*)、苦荬菜(*Ixeridium sonc hifolium*)、沙苦荬菜(*Chorisis repens*)、红苋R104(*Amaranthus hypochondriacus. CV. R1O4*)、美国籽粒苋(*A. hypochondriacus*)、高丹草、苏丹草以及四月慢油菜。内蒙古主要绿肥品种包括草木樨、沙打旺(*Astragalus adsurgens*)、柠条(*Caragana korshinskii*)、紫花苜蓿、箭舌豌豆以及四籽野豌豆(*V. tetrasperma*)。青海主要绿肥品种资源包括箭舌豌豆、苕子(*V. dasycarpa*)、山黧豆(*Lathyrus sativus*)、蚕豆、香豆子(*Cicer arietinum*)、青海苜蓿(*M. archiducis-nicolai*)、油菜(*B. campestris*)以及燕麦草等。黄淮海地区筛选适宜种植的主要绿肥品种有黄豆、绿豆、赤豆、黑豆(*Glycine max*)、野豆子(*Dunbaria villosa*)、乌豇豆(*V. aconitifolius*)、苦豆子(*Sophora alopecuroides*)、羊角豆、田菁、柽麻(*Crotalaria*)、苜蓿、毛光苕子(*V. villosa*)、草木樨、沙打旺、小冠花(*Coronilla varia*)、一年生黑麦草(*Lolium multiflorum*)、多年生黑麦草(*L. perenne*)、老芒麦、苇状羊茅、二月兰、油菜、甘草(*Glycyrrhiza uralensis*)、水锦葵(*Monochoria vaginalis*)、三角叶滨藜(中亚滨藜、*Atriplex centralasiatica*)以及高丹草等[1]。

鉴于绿肥生产生态效益较突出、经济效益不明显的特征,大多数农民并未意识到种植绿肥的重要性,虽然科技工作者对绿肥在土壤中的改良作用做了大量的研究工作,但绿肥品种资源的收集及其研究相关工作并不多,特别是在生态农业中筛选高观赏性品种方面鲜有报道,影响了绿肥资源的合理开发和利用。因此,加大绿肥的系统研究可以为选择更适合全国或者区域性的优良品种提供可靠的依据,对于缓解日益严重的全球能源危机、降低化肥污染环境压力及促进可持续生态农业的发展也具有现实意义。

参考文献

[1] 李子双,廉晓娟,王薇,等.我国绿肥的研究进展[J].草业科学,2017,30(7):1135-1140.

[2] 焦彬.论我国绿肥的历史演变及其应用[J].中国农史,1984(1):54-57.

[3] 傅廷栋,梁华东,周广生.油菜绿肥在现代农业中的优势及发展建议[J].中国农技推广,2012,28(8):37-39.

[4] 曹卫东,包兴国,徐昌旭,等.中国绿肥科研60年回顾与未来展望[J].植物营养与肥料学报,2017,23(6):1450-1461.

[5] 吴惠昌，游兆廷，高学梅，等．我国绿肥生产机械发展探讨及对策建议 [J]. 中国农机化学报，2017，38 (11)：24-29.

[6] 郑梦圆，耿赛男，陈益银，等．绿肥对紫色土改良的重要性及相关性研究 [J]. 湖南农业科学，2016，2：280-284.

[7] 林新坚，曹卫东，吴一群，等．紫云英研究进展 [J]. 草业科学，2011，28 (1)：135-140.

[8] 周江明．不同有机肥料对水稻产量和土壤肥力的影响 [J]. 浙江农业科学，2014，2：．156-162.

[9] 高桂娟，李志丹，韩瑞宏．3 种南方绿肥腐解特征及其对淹水土壤养分和酶活性的影响 [J]. 热带作物学报，2016，37 (8)：1476-1483.

[10] 姜新有，周江明．不同绿肥养分积累特点及地力培肥效果研究 [J]. 浙江农业科学，2012，1：45-47.

[11] 刘晓霞，陶云彬，章日亮．不同绿肥连续还田对水稻产量和土壤肥力的影响 [J]. 浙江农业科学，2016，(57) 9：1379-1382.

[12] 陈洪俊，黄国勤，杨滨娟．冬种绿肥对早稻产量及稻田杂草群落的影响 [J]. 中国农业科学，2014，47 (10)：1976-1984.

[13] 刘鹏飞，李向勇，张正学．绿肥压青对甘蔗产量及抗旱性的影响 [J]. 贵州农业科学，2015，43 (9)：35-37.

[14] 邓小华，杨丽丽，陆中山．等．黑麦草绿肥翻压下烤烟减施氮量研究 [J]. 中国烟草学报，2016，22 (6)：70-77.

[15] 李慧玲，林乃铨，郭剑雄，等．茶园间作绿肥对假眼小绿叶蝉及其天敌缨小蜂的影响 [J]. 中国生物防治学报，2016，32 (1)：50-54.

[16] 吴志勇，钟少杰，何春梅．葡萄园紫云英还田减量氮肥试验 [J]. 福建农业科技，2017，5：26-28.

[17] 王阳，刘恩玲，王奇赞，等．紫云英还田对水稻镉和铅吸收积累的影响 [J]. 水土保持学报，2013，27 (2)：189-193.

[18] 高山，陈建斌，王果，等．有机物料对稻作与非稻作土壤外源镉形态的影响研究 [J]. 中国生态农业学报，2004，12 (1)：95-98.

[19] Himmelbauer M. I. , Vat eva V. , Loz anova L, et a1. Site effects on root characteristics and soil protection capability of two cover crops grown in South Bulgarial [J]. Journal of Hydrology and Hydromechanics, 2013, 61 (1): 30-38.

[20] 于兴修，马骞，刘前进，等．不同覆被土壤结构稳定性对侵蚀泥沙氮磷流失的影响 [J]. 水土保持学报，2011，25 (4)：12-16.

[21] 段小丽，张富林，张继铭，等．江汉平原棉田地表径流氮磷养分流失规律 [J]. 水土保持学报，2012，26 (2)：49-53.

[22] 栾好安，王晓雨，韩上，等．三峡库区橘园种植绿肥对土壤养分流失的影响 [J]. 水土保持

学报，2016，30（2）：68-72.

［23］ 朱青，崔宏浩，张钦，等．绿肥阻控贵州山区坡耕地水土流失的应用［J］．水土保持学报，2016，23（2）：101-105.

［24］ 赵秋，张新建，宁晓光，等．华北农田冬绿肥覆盖的抗风蚀研究［J］．干旱区资源与环境，2016，30（8）：120-124.

［25］ 高小叶，袁世力，吕爱敏，等．DNDC 模型评估苜蓿绿肥对水稻产量和温室气体排放的影响［J］．草业学报，2016，25（12）：14-26.

［26］ 黄睿，郇恒福，高玲，等．不同豆科田菁属（Sesbaniaspp）绿肥对酸性土壤有机碳含量的影响［J］．热带生物学报，2017，8（3）：324-329.

［27］ Xavier F. A. da. S.，Maia S. M. F.，Ribeiro K. A.，et al. Effect of cover plants on soil C and N dynamics in different soil management systems in dwarf cashew culture［J］. Agriculture Ecosystems and Environment，2013，165：173-183.

［28］ 兰延，黄国勤，杨滨娟，等．稻田绿肥轮作提高土壤养分增加有机碳库［J］．农业工程学报，2014，30（13）：146-152.

［29］ 卢萍，单玉华，杨林章，等．绿肥轮作还田对稻田土壤溶液氮素变化及水稻产量的影响［J］．土壤，2006，38（3）：270-275.

［30］ 李秀芬，滕应，骆永明，等．多氯联苯污染土壤的紫云英一根瘤菌联合修复效应［J］．土壤，2013，45（1）：105-110.

［31］ 陈强培，郭楚玲，廖长君，等．绿肥植物绿豆去除土壤中芘的实验研究［J］．农业环境科学学报，2013，32（6）：1172-1177.

［32］ 龙安华，倪才英，曹永琳，等．土壤重金属污染植物修复的紫云英调控研究［J］．土壤，2007，（39）4：545-550.

［33］ 郭太雷．贵州省织金县开发绿肥饲料资源的实践探讨［J］．饲料博览，2014，8：62-64.

［34］ 景春梅，刘慧，席琳乔，等．优质牧草、绿肥草木樨的研究进展［J］．草业科学，2014，31（12）：2308-2315.

［35］ 潘磊，吴金发，黄花香，等．紫云英肥饲兼用—猪粪尿返田对土壤肥力与水稻生猪产量的影响［J］．江西农业学报，2003，25（3）：339-341.

［36］ 窦菲，刘忠宽，秦文利，等．绿肥在现代农业中的作用分析［J］．河北农业科学，2009，13（8）：37-38，51.

［37］ 何录秋，薛灿辉，张亚．湖南主要经济绿肥的品种研究［J］．湖南农业科学，2011，745-747，51.

［38］ 毛泳渊，湘西地区绿肥植物资源的开发利用［J］．草业与畜牧，2007，137（4）：38-39，45.

［39］ 邹长明，刘英，杨杰，等．豆科绿肥品种养分富集能力比较研究［J］．作物杂志，2013，3：75-79.

［40］ 王建红，曹凯，姜丽娜，等．浙江省绿肥发展历史、现状与对策［J］．．浙江农业学报，

2009，21（6）：649-653，

［41］ 王家琴，王仕明，陆家环，等．不同品种绿肥的鲜草产量比较［J］．农技服务，2011，28（7）：96.

［42］ 杨文叶，王忠，李丹，等．不同冬绿肥对水稻田土壤有机质及酸碱度的影响［J］．浙江农业科学，2017，58（2）：239-240.

第二章　紫云英

紫云英（stragalus sinicus）又名红花草、翘摇、草子等。是豆科黄芪属一年生或越年生草本植物，为中国传统的农业种植绿肥作物之一，是南方稻区主要的冬种绿肥作物。在改善土壤理化性状、增加土壤微生物数量和多样性，提高水稻产量及维持水稻生产可持续发展具有重要意义[1,2]。中国是紫云英的原产地，也是世界上利用和种植紫云英最早、栽培面积最多的国家，早在公元261—303年，吴陆玑在《毛诗草木鸟兽虫》中就记载有翘摇；到明清时代，紫云英在长江流域种植广泛。至民国年间，紫云英种植涵盖浙江、江苏、安徽、江西、河南、湖北、湖南、广东、广西、四川、陕西等诸多省市区域，紫云英种植对于维持土壤肥力发挥了重要作用，是传统农业用地养地的重要措施。新中国成立之后，紫云英品种选育和技术推广获得新的发展，种植品种多，覆盖面积广，到20世纪60、70年代，种植面积达稻区种植面积的60%~70%。自20世纪90年代，随着农村家庭联产承包经营责任制的落实和种植产业结构的调整（冬种马铃薯、蔬菜、烤烟等经济作物），冬闲田种植紫云英面积逐渐减少；此外，劳动力减少，广大群众用地养地意识淡薄，并在化肥引进后逐渐依赖于化肥，导致了紫云英种植面积的迅速下降[1]。近年来，随着土壤环境的恶化，人们对绿色农产品的需求不断增加，国家与社会对土壤质量提升和生态环境保护越来越重视，绿肥生产再次得到了广泛关注，也促进了南方紫云英绿肥快速恢复生产。农业部开展的“沃土工程”、“土壤有机质提升”等项目，使紫云英种植面积逐年扩大。2015年农业部提出，到2020年实现“一控两减三基本”的目标，也制定了《到2020年化肥使用量零增长行动方案》。而要达到化肥减量目标，种植利用绿肥作物紫云英是必要的技术措施。因此，合理种植利用紫云英，对保障农产品安全、保护农田生态环境及促进农业可持续发展有着重要意义。

第一节　紫云英植物学特性及生长环境

一、植物学特性

紫云英为一年生或越年生草本。根系属于直根系，由主根和大量侧根组成，可深入土层

40~50cm，多数分布于15cm以内的表土层，当主根生长到3~4cm时，开始长出一级侧根，之后可在一级侧根再次陆续长出二级侧根，这样连续可长四级侧根，因而紫云英根系非常发达；主根和侧根上长出很多根菌瘤，有球状、短棒状、指状、叉状、鸡冠状及块状等，绝大部分是球状和短棒状；在盛花期，主根直径一般0.5cm，最粗甚至可达1.0cm；由于紫云英根系主要分布于比较浅的表土层，造就了抗旱能力差而耐湿性较强的特点。地面上株高30~100cm，茎前期直立，开花前后匍匐地面呈2~4次弯曲，无毛，主茎与大分枝有8~12节，最多可达20节以上，一般有绿、紫红或绿中带紫等颜色，以绿色为主；茎粗0.3~0.9cm，茎长达70~120cm，近地表茎基部有分枝2~5个；在幼苗时期茎生长很慢，日平均气温低于3℃时停止长高，在温度上升的初花期和盛花期前后增长最快，每天可增2~3cm，从现蕾期至盛花期生长的长度占总长度的60%~70%，结荚以后，生长速度逐渐下降，到终花期停止增长。叶色浓绿色或黄绿色，单数羽状复叶，互生，具小叶7~13片，宽椭圆形或倒卵形，长0.5~1.5cm，先端凹或圆形，基部宽楔形，两面疏生长毛。总状花序近伞形，有花5~13朵小花簇生，最多可达30朵，总花梗长10~20cm，花萼5片呈钟状，长约0.4cm；花冠蝶形，紫红色或白色，旗瓣倒卵形，长约1.0~1.1cm。荚果条状长圆形，微弯，顶端有喙，成熟时黑色，内含种子5~10粒。种子肾脏形，初收时黄绿色，贮存后转为棕褐色，有光泽[2-5]。

二、生长环境要求

温度：喜欢温暖湿润气候，种子发芽最适宜温度为15~25℃，其中20℃时发芽最高可达88%以上，低于10℃基本上不发芽，高于25℃发芽率下降，达30℃时发芽率低于50%，在适宜条件下，播后4~7天即可出苗。生长适宜温度15~20℃，在适宜范围内生长发育进程随温度的上升而加速，日平均温度8℃以下，幼苗生长缓慢，低于-5~-7℃开始受冻或部分冻死，但壮苗却能忍受-17~-19℃的短暂低温，即使顶部叶片受冻枯死，叶簇间的枯芽和分枝芽也不致于冻死，次年温度上升继续长出；开花结荚的最适温度一般为13~20℃，白天温度低于10℃时开花停止；紫云英冬长根，春长叶，冬季生长较慢，开春后随着温度上升生长速度逐渐加快，现蕾期以后迅速增长，始花至盛花期生长速度最快，从现蕾到盛花期株高增加的长度约占总终花期的2/3[5-8]。

水分：喜欢湿润而排水良好的土壤环境，不耐干旱，又怕渍水。播种时需较多的水分，否则种子皮厚难以发芽。入冬前紫云英生长最适宜的土壤含水量为24%~28%或为最大田间持水量50%~60%，如土壤含水量低于20%或田间持水量低于50%时生长受严重影响，株高、茎粗及生物量显著下降，如含水量低于10%，植株开始凋萎，此情况持续3~4天植株完全枯死。相反，土壤水分过高同样影响紫云英正常生长，如渍水（田间持水田

100%以上）超过4天，烂根率大幅上升，严重影响生长。开春后，由于气温升高，紫云英生长迅速，蒸腾作用变旺，对土壤水分要求提高，此期土壤含水量则以田间最大含水量90%~100%为佳。盛花期后植株生长变缓，对水分需要逐渐减少，如水分过多又会降低结荚种子产量和质量，土壤含水量保持在20%~25%较为适宜[4,5,9]。

光照：紫云英幼苗有较强的耐阴和耐湿能力，适合稻底套种或果园套种，但遮阴度也不能太高，否则导致高脚弱苗甚至死亡。根据张友金试验调查，透光率低于3%时，不能长出第三片真叶，至次年4月植株全部死亡。透光率低于6%时紫云英会形成高脚弱苗，成苗率低下。光照强度从15 000lx减少到200lx时，根瘤出现的时间逐渐延迟，结瘤率、结瘤数量和根瘤质量也显著下降，固氮酶活性也显著下降。现实中也经常碰到稻田套种紫云英时，在稻草堆积多的地方，已发芽的紫云英幼苗因得不到光照而大量死亡的现象。因而紫云英作为稻作、果园或其他作物套种时，要充分考虑共生期的光照强度和共生时间，做到及时收获水稻、缩短共生时间[5]。

土壤：对土壤要求不高，喜疏松、肥沃的沙壤土或黏壤土，也适生于无石灰性的冲积土。耐瘠性差，特别对磷元素尤为敏感，在缺磷土壤上种植多施磷肥，在黏土、排水不良的低温田或保水、保肥差的沙性土壤上均生长不良。较耐酸不耐碱，适宜的土壤pH值为5.5~7.5。盐分高的土壤不宜种植紫云英，土壤含盐量超过0.2%就会死亡[4,5]。

第二节　紫云英种质资源

紫云英主要分布于长江流域和长江以南各省，而以长江下游各省栽培最多。按开花和成熟期分为特早熟种、早熟种、中熟种和迟熟种，全生育期分别为215~220天、220~225天、225~230天、230~235天。由于各地耕作制度和当地气候差异，选择紫云英品种也不同，经过长期的自然选择和人工选育，逐渐形成当地适宜的地方种质资源库。特早熟品种主要分布在气候温暖的广东、广西和福建；早熟品种分布地域较广，广东、广西、福建、四川、江西、湖南、湖北和河南均有种植；中熟种分布于江西、湖南、浙江、安徽、江苏和上海等省（市）；晚熟品种主要栽培于江苏和浙江。具体各省区优良地方品种和选育品种见表1[1,2,10-13]。

表1　各省区紫云英主要优良品种

品种类型	分布地（地方品种）	分布地（选育品种）
特早熟种	福建省（光泽种）、江西省（余江种）	

（续表）

品种类型	分布地（地方品种）	分布地（选育品种）
早熟种	江西省（乐平种）、贵州省（贵州种）、四川省（川西种）、湖南省（邵阳种）、河南省（信阳种）、江苏省（常德种）	江西省（赣紫2号）、湖南省（湘肥2号、湘紫3号、湘紫4号、湘紫5号）、福建省（闽紫1号、闽紫3号）、广东省（粤肥2号、光泽73-2号）
中熟种	江西省（余江种、永修种、株良种、丰城青杆种）、浙江省（姜山种）、江苏省（芦庄种、无锡种、顾山种）、贵州省（广绿种）、上海市（南桥种）、安徽省（弋江种、芜湖种）、河南省（信阳种）、四川省（南充种）、湖北省（麻城种）	江西省（赣紫1号）、浙江省（宁紫1号）、湖南省（湘肥1号、湘肥3号、湘紫1号、湘紫2号）、福建省（闽紫5号、闽紫6号、闽紫7号）、广东省（连选2号）、广西省（萍宁3号、萍宁72号）
迟熟种	江西省（萍乡种、南昌种）、浙江省（大桥种、平湖种、遂昌种）、江苏省（茜墩种、斜塘种）	河南省（信紫1号）、浙江省（浙紫5号）、湖南省（湘肥3号）、福建省（闽紫2号、闽紫4号）

由于紫云英为异花授粉作物，容易杂交退化，目前市场上纯度高的紫云英优良品种不多。近年来，为保护优良紫云英种质资源，全国各地建立了紫云英良种繁育基地，强化周边隔离，避免优质纯种杂化。同时，相关科研单位积极开展了紫云英育种工作，利用太空辐射育种、多倍体育种甚至是转基因技术育种，不断培育出发芽率高、长势强、植株高、结荚多及产量高的新品种，为紫云英大面积推广种植提供了可供选择的优良品种[10]。

第三节　紫云英高效种植技术

紫云英种植方式很多，主要有套种（连作）、间种或混种三种，一是在稻田、棉田、玉米田等晚秋作物生育后期在其株行间进行套种紫云英，二是在幼龄的果园、茶园、桑园等园地间种，三是紫云英和油菜、黑麦草、肥田萝卜等混播，充分利用各种绿肥的优势。本文总结了上述三种紫云英栽培技术要点，以为指导实际生产提供参考。

一、紫云英—（稻）—稻连作高产种植技术

1. 品种选择，种子处理

选用适合本地的良种种植，要求种子发芽率高且有适应性广、根系发达、分枝能力强

等特点。如江西省种植面较广的有赣紫 1 号、赣紫 2 号、余江种等[13]，浙江省以宁波大桥种、平湖大叶种和浙紫 5 号为主[14]，福建省双季稻区以闽紫 5 号或余江大叶青为主[15]，湖南省双季稻区种植湘紫 2 号较佳[16]，等等。种子处理在播种前应选择晴天的中午，将紫云英摊晒 1 天，晒种后加入一定量的细沙擦种，将种子表皮上的蜡质擦掉，以提高种子的吸水速度和发芽率。擦种放入碾米机中进行，播种前一天，浸种过夜、捞起晾干。为了提高种子成活率，促进生长，亩用钙镁磷肥 8kg 拌种或再增加根瘤菌菌种（种子：菌种约（100~200）：1），加 5kg 细沙拌匀后撒播。

2. 播前准备，适时播种

在双季稻生产田中，在播种前结合晚稻烤田，开沟排水，待田间水落干，土壤保持湿润状态后播种，有利于早出苗、出齐苗、多出苗；如在稻—肥（单季稻生产）耕作制度下，水稻收割时间早，田面干，稻田进行一次“跑马水”灌溉，保持土壤湿润再播种。紫云英属春发性作物，冬季生长缓慢，一般在白露至秋分之间播种较为适宜，过早播种易遭冻害，若延迟播种紫云英鲜草产量会下降，一般紫云英与晚稻共生期 15~25 天较为适宜[17]，根据林多胡和顾荣申[5]对中国各地区的试验总结认为：陕西关中至淮河流域和四川北部早、中籼稻田在 8 月中旬到 9 月上旬套播或在水稻收割后立刻整地播种，中粳稻田在 9 月上中旬套播，晚粳稻田 9 月中下旬套播；长江中、下游和四川东南部至贵州北部，中稻田在 9 月上中旬套播或割稻后播种，再生稻和连作晚稻田在 9 月下旬至 10 月初套播；浙中、江西、湘中到闽北和云南北部，中稻田在 9 月中下旬套播或割稻后播种，连作晚稻田在 9 月下旬至 10 月中旬初播种；福建南部至五岭以南地区，一般在 10 月上旬至 10 月 25 日播种，高海拔地区应适当提早。播种量应根据品种特性、当地气温、是多年种植区还是新种植区、稻田肥力水平等因素决定。山垄田量多，阳面田量少；高产品种量少，低产品种量多；肥力高的量少，肥力低的量多；新种植区量多，老种植区量少；播种早量少，播种迟量多。一般亩播种量 1.5~2.0kg。另外，由于现在水稻收割均已机械化，在机械转弯及上下处被多次碾压易致绿肥苗死亡，造成许多“秃斑”，需要在水稻收获后进行补播一次，避免影响产量。

3. 均匀撒播，覆盖稻草

稻底套种以撒播为主。撒播要均匀，采取“分畦定量，握籽少，抛得高，跨步匀，看的准来回或纵横交叉播种”。生长较好的稻田，在播种后要用竹竿轻轻拨动稻株，减少搁籽现象。播种时应保持土面湿润或有 1~2cm 的薄水层，做到薄水播种。胀籽排水，见芽落干，湿润扎根。如稻田受旱开裂，应先灌跑马水，使土壤湿润后再播种，以利于种子发芽和培养壮苗。播种后，黏重土壤应适当晒田，达到土软而不烂，以免陷种烂芽。沙质土为避免种子发芽后干旱，应采取浅水播种，待种子萌发后再排水。晚稻收割后，由于气温逐渐降低并易出现霜冻，容易造成紫云英幼苗遭受冻害，要在水稻收获后及时将稻草均匀分散覆盖在稻田上，既有保湿防冻作用，又避免部分地方稻草过多堆积造成紫云苗死亡的问题。

4. 开沟防涝，科学追肥

紫云英喜湿润，既怕旱，又怕渍水。整个生育期应保持土壤有一定的湿度，做到田间能排能灌；水稻收割后要开好十字沟、环田沟，沟沟相通，大雨不积水，雨过田干；如遇干旱，土壤发白，应及时灌“跑马水”湿润土壤，以适应紫云英的生长要求。肥力差的稻田应追施 1~2 次的肥料，以“小肥养大肥”，可显著增加绿肥产量。施肥分为基肥、冬前肥和春肥三个阶段。基肥亩施过磷酸钙 8~10kg（伴种下田）；在“冬至”前后追施钾肥，亩施复合肥 7.5~10kg，促进冬前壮苗，增强紫云英抗寒能力；“立春”后，天气逐渐转暖，紫云英开始需要较多的养分，亩施尿素 3~5kg，具有“小肥换大肥、小氮换大氮、无机肥换有机肥”的作用[4,18]。

5. 病虫防治，杂草清除

紫云英生长期间主要病虫害有两病（白粉病、菌核病）、两虫（蓟马虫、潜叶蝇）。白粉病、菌核病可用多菌灵、托布津 1 000倍喷雾或 20%戊唑醇防治；蚜虫、蓟马、潜叶蝇等，每亩可用吡虫啉 10~20g 加水 30~50kg 喷雾或 25%噻虫嗪防治。在幼苗期田间杂草发生较多，严重影响了幼苗扎根和对养分的吸收利用。因而，待幼苗老健时，亩用 10.8%盖草能乳油 20~30ml 兑水 50kg 或 15%精吡氟禾草灵防除杂草[4,18]。

6. 适时翻沤，培肥地力

紫云英一般以盛花期翻犁较为适宜[19]，过早翻犁产量不高，肥效低。另外，鲜草翻犁过嫩，含氮量低，含水量高。而翻犁过迟虽然产量高，但鲜草中纤维素、木质素增多，植株老化，不利于腐烂分解，肥效也低。亩压青量以 1 500~2 000kg 为宜，多余的可作为畜禽或鱼饲料。翻压前亩施 50~75kg 石灰，有利于促进紫云英快速并充分腐烂，提高土壤酸碱度，杀灭土壤病菌[17]。翻压方式有干耕和水耕二种，干耕的方式要好于水耕。在机械化程度高的地区，应采用干耕，干耕后 3~5 天后，待犁垡晒白大水灌溉沤制 10~15 天[20]。在机械化程度不高或用人力、牛力的地方，则采用水耕。对于长势好、产量高的绿肥，应尽量提早翻耕。使紫云英充分腐熟，以防早稻发僵。

二、茶园（果园）套种紫云英种植技术[21,22]

1. 园地选择

为了提高丘陵山地茶园或果园光能利用率，以肥力中等、有一定水源的山地种植紫云英为佳，肥力高的茶园或果园种植效果更好。在幼龄或台刈更新后 1～2 年内的茶园或果园，由于树冠尚未封行，在空地或较宽的茶行间可以种植。以改土增肥、保持水土为主要目的，若水分、土壤条件较差，虽能成活生长，但茎叶产量低，效果较差；以畜牧利用、绿化及在开花期为游客提供观光休闲为目的，可选择肥水条件较好的地块种植。

2. 品种选择

早中熟紫云英的盛花期在 4 月中旬之前，与茶园春茶开采时间（4 月中旬至 5 月上旬）或果园肥水管理错开，不影响茶园或果园的正常管理。选用适合我国南方大面积推广的余江大叶、闽紫 5 号等早中熟品种。余江大叶具有适应性广、抗逆性强、鲜草产量高、绿肥质量好、花期长、花蜜营养价值高等特点。

3. 播种时期

紫云英播种前茶园或果园要灌溉，让土壤吸足水分，没有灌水条件的，尽可能抢雨前播种，播后把种子浅耙入土，以利发芽、扎根。如园地土壤太硬、太干，可实行冬肥秋施，并对土壤进行适当松土。在适宜的播种期内，如水分和气候条件许可，力争早播，有利于产量和品质的提高。播种前应选择晴天的中午进行晒种，紫云英种子摊晒 4～5 小时，然后放入腐熟稀人尿中浸种 8～12 小时，捞出晾干，用钙镁磷肥或土杂肥、细沙拌种后，直接撒播于茶行间的空地或已经完成冬季施肥翻耕后的土面，首次播种紫云英的茶园或果园可接种根瘤菌。每亩播种量 0.5～1.0kg，可适当混播 5%～10%油菜的种子，绿、紫间带状茶行点缀着高杆的黄色油菜花，增加茶园或果园的休闲与观赏性能。

4. 水分管理

紫云英种子萌发的适宜温度为 15～25℃，发芽时需要吸收较多水分和大量的氧气。有条件的茶园或果园在播种后视发芽情况，适时进行喷灌，以防播种后缺水而致芽干枯。至开春前，要求土壤水分保持润而不湿，使水气协调，幼苗生长健壮，增强抗逆性。

5. 合理施肥

紫云英虽然能在贫瘠的土壤中生长，但对土壤肥力的反应仍较为敏感。为使紫云英获得增产，一般应配合进行适当的施肥措施，施肥能大幅度提高茎蔓产量。因此，贫瘠的土壤在整地时，需施0.5~1t/亩土杂肥或厩肥作基肥，也可用过磷酸钙25~30kg/亩、硫酸钾3~6kg/亩作基肥。冬季适当施些草木灰，有利于抗寒保苗。

春暖返青后的紫云英茎叶生长快，需肥量大，要及时追施肥料。在迅速生长时的2月中旬到3月上旬，每亩施用2~3kg的尿素能显著提高紫云英的产量。

6. 盖草防寒

紫云英幼苗时期根系的生长比地上部快，越冬期间，根系和地上部生长较缓慢，若有稻草或杂草适当覆盖，有利于保湿和越冬。开春后地上部生长加速，覆盖度达到100%时，本身的竞争性很强，可抑制其他杂草生长，一般无须除草。

7. 病虫防治

紫云英因为呈条状套种在茶树或果树行间，形成小区域的自然隔离，发生病虫害的情况较少。紫云英的主要病害有菌核病、白粉病，可用70%托布津或50%多菌灵800~1 000倍液喷施；主要虫害有蚜虫、潜叶蝇等，可用90%敌百虫1 000倍液喷施。

8. 鸟害防控

为了减轻因鸟类取食而造成对紫云英苗期幼嫩叶子的为害，可采用提供替代食物的趋避方式，在茶园或果园四周适当引种女贞、樟树、楝树等秋冬季有果实作替代品的植物进行防控。

9. 压青翻埋

紫云英压青利用于每年3月底至4月初，即紫云英盛花期割青翻埋为适宜，一般翻压1 500kg/亩为宜。以增加土壤有机质为主的，结合茶园或果园耕作，埋入行间作肥料或割青后作茶园或果园土壤覆盖物，可减少园地化肥施用量10%~20%；以饲料利用的，收割其地上部分茎蔓即可，地下部分及残桩腐烂后还可以作有机肥料，改良土壤结构。

对于不影响茶园或果园生产与管理的紫云英，利用其自繁能力，任其生长至充分成熟后落荚，在下次耕作时，翻埋入土，存种于土壤，待秋后休眠解除，自然萌发成苗。

三、紫云英与油菜混合种植技术

紫云英与油菜在优化组合下混播共栖生长，具有明显的互补效应，紫云英含蛋白质量高、水分多、易腐解，而油菜植株中含木质素、纤维素高、分解相对缓慢，因而可有效提高土壤肥力和调节碳氮比，促进土壤微生物和酶的活性，达改善土壤理化性状的目的。

1. 种子选购

作为绿肥用油菜即可选择长势强、叶片大、营养体产量及养分含量高的专用品种，如油肥1号、油肥2号、华协11号等[23-25]，也可选些本地较为便宜的常规品种[26]，种子质量要满足《农作物种子质量标准（GB 4407.2—2008）》中油菜常规种大田用种的要求。紫云英品种根据耕作制度选择本地品种，种子质量应满足《绿肥种子标准（GB 8080—2010）》大田用种质量的要求。

2. 播前准备

播种前紫云英种子要进行晒种、擦（碾）种、浸种处理，可以提高种子发芽率，使种子易于吸水，加速种皮软化，促进种子萌发，出苗快，幼苗早发并尽早接根瘤菌。经处理后的紫云种子和油菜种子充分混匀以后，即可撒播。人工播种时将种子与细沙或细土混匀后撒播效果更好，采用机动喷雾器或者便携式播种器播种，播种效率提高5~15倍以上。

3. 适时播种

紫云英播期不同，对其生长及养分积累影响显著，肥田油菜适播期长。在稻田条件许可的情况下，播期宜早不宜晚。中稻区域在水稻黄熟期或收割前7~10天播种，也可以在水稻收割后3~5天内迅速播种，一般在9月中旬至10月初中稻收割后播种；双季稻区域一般在水稻齐穗期即收获前20~25天稻下播种[26]。紫云英、油菜亩播种量均为1.5~2kg，比例以8∶2或7∶3混播效果最好[26,27]。播种前，每亩用一担草木灰掺腐熟人尿10kg和15~25kg钙镁磷肥拌匀作尿浆灰或用草木灰25kg拌种。播种后，再盖一层细薄土，以免种子曝晒后不易发芽。播种后，引水沟灌，湿润土壤，以利发芽。在双季稻田播种的，当二晚齐穗后，谷粒快灌满浆时，在二晚稻田灌1.5~2cm深的水，先散播紫云英，再过10天散播油菜种子，也可在二晚收割之后，随即整地播种。油菜根系相对发达，对降低土壤容重，增加孔隙度，形成团粒结构作用明显，因此地势高、土壤质地轻的田块油菜播种比例可适度降低。地势较低、黏性重的田块，熟土与生土混合后的新改耕地油菜播种比例可适当增加。第一年种植紫云英的稻田要接种根瘤菌。免耕覆盖还田播种绿肥时可适当增加种子用量10%左右。

4. 合理施肥

施肥对紫云英、油菜增产效果明显。由于大部分水稻产区施肥量偏重，种植绿肥时一般不需要施肥；土壤肥力差的田块，可以施肥，原则上磷肥做基肥，春季紫云英、油菜开始旺长时，通常生物固氮不能满足其自身需求，可适量追施氮肥。根据苗情及当地土壤肥力状况，绿肥全生育期亩施纯N、P_2O_5、K_2O分别为3~5kg、2kg、2~3kg，有利于各养分效果的发挥，达到以“小肥换大肥”的目的。

5. 科学灌水

紫云英、油菜忌干旱和渍水，在干旱时采用“跑马水”灌溉，春季雨水过多，田面淹水时要及时清沟排水，保持田间不渍水，防止积水烂根以及菌核病发生。

6. 病虫害防治

稻田紫云英的主要病虫害有蚜虫、蓟马、潜叶蛾和白粉病，油菜主要病虫害有蚜虫和菌核病。喷施5%吡虫啉可溶性乳剂2 000~3 000倍液、5%啶虫脒乳油5 000~10 000倍液或90%结晶敌百虫1 000倍液可防治蚜虫、蓟马和潜叶蛾；喷施0.3波美度的石硫合剂可防治白粉病；喷施50%多菌灵可湿性粉剂1 000~1 500倍液可防治菌核病[26]。

7. 翻压培肥

在不影响农时的前提下，翻压原则是尽可能在紫云英、油菜地上部生物量积累的高峰期就地翻压利用，以保证最大量养分和有机质还田。在二者盛花期或在水稻插秧前15~20天进行翻压，翻压量以1 500~2 000kg/亩（鲜草产量2.5~3kg/m^2）为宜，翻压前油菜先采薹，就地平摊耕地，翻压时田内灌水，田面水层在1~2cm，有条件的地方亩施用石灰25~40kg，促进绿肥腐烂腐熟，同时可以缓解稻田土壤酸性，后期可用机械翻耕入土，深度一般为15~20cm，迅速腐熟肥田。需要青饲料的，可在越冬期以绿叶为主收一次青饲料，然后亩施5~7kg尿素，油菜蕾薹期再收获一次青饲料后翻耕入田做绿肥。

第四节 紫云英综合利用

一、培肥耕地地力

紫云英作为一种纯天然绿色有机肥料，对于改善土壤理化性状、增肥耕地地力有着非常重要的作用。何春梅[28]等人通过连续5年稻田种植翻压紫云英的试验，结果显示，长期种植紫云英能显著提高土壤有机碳及易氧化有机碳含量，促进土壤大颗粒团聚体的形成，增加土壤孔隙度。在30年（1982—2012年）长期定位试验中，刘立生等人[29]也发现和未种植绿肥稻田土壤相比，种植紫云英土壤有机碳提高了20.3%，同时土壤有机碳由大粒级向更小粒级中转移，也即提高了土壤粗粘粒、细粘粒有机碳含量，土壤中有机碳趋向于更加稳定。邓小华等[30]研究表明，3年翻压紫云英的土壤容重降低5.0%，土壤有机质、全氮、全磷、全钾含量分别提高3.7%、2.0%、37.0%、5.0%。颜志雷等人[31]研究也显示，化肥结合种植紫云英与单独施化肥相比，土壤有机质和全氮含量分别提高了5.9%和8.8%，并显著提高了真菌和放线菌数量及其土壤转化酶、脲酶和酸性磷酸酶的活性，而此三种酶与水稻产量显著或极显著正相关。

二、增加作物产量和经济效益

土壤中各种有益菌数量及其酶活性与作物产量密切正相关，通过种植紫云英可显著提高土壤好气性细菌和真菌数量及其土壤转化酶、脲酶、过氧化氢酶和酸性磷酸酶的活性[31-33]，从而达到粮食增产目的。朱贵平在紫云英不同时期翻压试验中显示，紫云英翻耕的水稻产量比对照增13.0%~23.0%，其中以盛花期翻压增幅最大。裴润根等[34]研究表明，种植紫云英稻田可提高早稻产量15.1%~15.6%，亩节本增效45.5~48.5元。石其伟[35]在开展部分紫云英绿肥替代化肥的2年试验调查发现，以1 000kg/亩的紫云英还田代替部分化学养分时，比单用化肥增产29.1~35.5kg/亩，增幅6.0%~7.3%，增收经济64.08元/亩。王琴等[36]和张树开[37]则研究表明，紫云英替代40%化肥时增产效果最佳，比纯化肥处理增6.3%~7.6%，经济效益可提高10.0%。谢志坚等人[20]研究了水稻增产机理，认为紫云英还田主要是因为土壤养分含量的上升，导致向植株转移量提高，显著增加了植株和籽粒中氮、磷、钾元素的积累，进而提高晚稻产量。

三、降低生态环境污染风险

紫云英还田后可有效减少化肥用量，即降低农业生产成本，也减少了农业面源污染，特别是能遏制因过度的化肥应用造成水体富营养化进一步恶化问题。陈国奖认为[38]，亩翻青紫云英2 000kg，减少20%～40%化肥用量的处理与常规施肥没有差异，并增加10多元/亩的收益。徐昌旭等人[39]在翻压紫云英1 500kg/亩的稻田中，通过不同减量化肥处理试验，结果表明以减少20%化肥效果最佳，可显著提高水稻茎秆中氮和钾含量及籽粒中含磷量，水稻植株地上部干物质积累量增加最多，提高了化肥利用率。李昱等人[40]同样在稻田中开展化肥减量及其施肥方式试验，他们也认为翻压2 250kg/亩紫云英的情况下，和常规施肥相比，可以减少40%的化肥用量而水稻产量平均提高3.5%，其中化肥以基肥：分蘖肥：穗肥=2：5：3的施肥方式效果最佳，产量提高6.6%并改善了稻米品质。众多试验表明，在紫云英种植稻田，水稻生产应减少20%～40%化肥施用量，这不仅可显著提高水稻产量，更降低农业面源污染的风险。

四、修复土壤污染物

耕地作为粮食作物生产的平台，土壤中污染物含量高低严重影响到食品质量安全，很多技术人员开展了大量土壤去污及减少粮食污染研究工作，紫云英作为有机肥料，很多研究表明在改良土壤污染方面也有一定的作用。崔芳芳[41]、杜爽爽[42]分别研究稻草、紫云英用量及配比对潮土、酸性土镉、砷有效性的影响，结果均表明稻草、紫云英单独使用以及二者配合使用都显著降低交换态镉的含量，增加氧化物结合态、紧有机结合态和残渣态镉的含量；且单独添加紫云英的效果最明显，同时添加紫云英可降低土壤中砷的有效性。而龙安华等[43]在冶炼厂周边重金属严重污染的大田进行植物修复时，发现结合种植紫云种可活化土壤重金属元素（Cu、Zn、Pb、Cd），显著提高海州香薷的富集水平，并增加修复植物的生物量，有效提高了植物修复效果。同时与有机试剂活化应用相比，减少了因应用化学试剂而可能带来的二次污染风险，因而种植紫云英可作为土壤重金属污染修复一种既廉价又实用的环保调控措施。紫云英对土壤中有机污染物也有很好的去除作用，据李秀芬100天的盆栽试验[44]，种植紫云英及紫云英结合根瘤菌处理去除持久性有机污染物多氯联苯（polychlorinated biphenyls，PCBs）分别达23.0%和53.1%，显著高于对照处理，提高了去污效率。

五、美化田园环境

由于越来越多的青壮劳力走出农村去打工，当前农村存留的劳力基本是老人、妇女、儿童居多，冬季闲田呈上升之势，既制约了农业增产增效，杂草盛长的农田也影响了环境风光。而种植紫云英在冬天则绿油油一片、春天则一朵朵紫色的花儿随风飘逸，构成了一幅清新秀丽的田园画卷，引来越来越多的游客乡村游。特别是很多果园套种紫云英，更为农家乐采摘游增添了不少景趣，吸收了大批游客前往，显著提高了经济收入。

参考文献

[1] 李忠义，唐红琴，何铁光，等．绿肥作物紫云研究进展［J］．热带农业科学，2016，36（11）：27-32.

[2] 张贤，王建红，曹凯，等．紫云英的农艺性状变异［J］．草业科学，30（8）：1240-1245.

[3] 张彭达，周亚娣，何国平，等．紫云英奉化大桥的特征特性及留种技术［J］．浙江农业科学，2006，2：162-163.

[4] 许立新，童培银．冬绿肥紫云英的特征特性与高产栽培技术［J］．农业科技通讯，2013，10：167-168.

[5] 林多胡，顾荣申．中国紫云英［M］．福州：福建科学技术出版社，2000 年．

[6] 宗幼如，丁荷芳，吴常军，等．紫云英的生物学特性及高产栽培技术［J］．安徽农学通报，2010，16（24）：49，52.

[7] 应广源．稻田绿肥紫云英生长特性与高产栽培关键技术［J］．农技服务，2011，28（10）：1421.

[8] 陈海平，田宏．紫云英在不同温度条件下发芽特性的研究［J］．草原和草坪，2006，115（2）：56-58.

[9] 吴一群，张辉，林新坚．等．不同土壤田间持水量对紫云英生长及生理代谢的影响［J］．草业学报，21（1）：156-161.

[10] 林新坚，曹卫东，吴一群，等．紫云英研究进展［J］．草业科学，2011，28（1）：135-140.

[11] 聂军，廖育林，鲁艳红，等．稻田绿肥作物恢复发展技术（上）［J］．湖南农业，2016，7：14.

[12] 田铁军．资阳区绿肥生产模式［J］．湖南农业，2015，11：35.

[13] 苏金平，刘成鹏，王晓明，等．江西绿肥作物种质资源及其应用［J］．江西农业学报，2012，24（5）：100-103.

[14] 王建红，曹凯，姜丽娜，等．浙江省绿肥发展历史、现状与对策［J］．浙江农业科学，2009，21（6）：649-653.

[15] 陈均，黄功标，陈金英．福建省典型双季稻区适宜紫云英品种比较试验［J］．安徽农学通报，2014，(01-02)：83-84，136.

[16] Lu Yanhong，Yulin Liao，Xing Zhou，et al. Adaptability comparison of Chinese Milk Vetch（*Astragalus sinicus*）varieties for double-rice cropping system in Hunan［J］. Agricultural Science & Technology，2015，16（9）：1902-1906.

[17] 刘景辉．紫云英新品种“闽紫 2 号”高产栽培技术［J］．福建农业科技，2014，2：54-55.

[18] 沈颉，杨决平．松江地区紫云英高产栽培技术［J］．上海农业科技，2017，6：135.

[19] 朱贵平，张惠琴，吴增琪，等．紫云英不同时期翻耕氮素含量的变化及对后作水稻产量的影响［J］．江西农业学报，2011，23（2）：122-124.

[20] 谢志坚，徐昌旭，钱国民，等．紫云英不同翻压时间对土壤养分含量及晚稻养分吸收的影响［J］．江西农业学报，2010，22（12）：82-83.

[21] 蒋兴铀，陈天志，詹本光．紫云英在茶园的应用效果及栽培技术［J］．福建茶叶，2015，37（2）：20-21.

[22] 冯雅顺．脐橙园套种紫云英翻压还田栽培技术［J］．福建农业科技，2016，47（6）：20-21.

[23] 李莓．油肥 1 号绿肥专用油菜品种［J］．湖南农业，2015，12：28.

[24] 邓力强，李莓，范连益，等．绿肥用油菜品种油肥 2 号的选育［J］．中国农业信息，2017，6（下）：49-51.

[25] 郭丛阳，王天河，杨文元，等．河西地区麦后复种饲用（绿肥）油菜栽培技术及效益分析［J］．草业科学，2008，25（3）：90-92.

[26] 易妍睿，吴润，方华，等．湖北省绿肥（紫云英-油菜）混播高效栽培技术［J］．中国农技推广，2016，32（11）：43-44.

[27] 翟国栋，汪航，周建光，等．稻田紫云英与油菜不同比例混种作绿肥在水稻上的应用效果研究［J］．现代农业科技，2013，24：240-241.

[28] 何春梅，钟少杰，李清华，等．种植翻压紫云英对耕层土壤结构性能及有机碳含量的影响［J］．江西农业学报，2014，26（12）：32-34.

[29] 刘立生，徐明岗，张璐，等．长期种植绿肥稻田土壤颗粒有机碳演变特征［J］．植物营养与肥料学报，2015，21（6）：1439-1446.

[30] 邓小华，石楠，周米良，等．不同种类绿肥翻压对植烟土壤理化性状的影响［J］．烟草科技，2015，48（2）：7-10，20.

[31] 颜志雷，方宇，陈济琛，等．连年翻压紫云英对稻田土壤养分和微生物学特性的影响［J］．植物营养与肥料学报，2014，20（5）：1151-1160.

[32] 万水霞，朱宏斌，唐杉，等．紫云英与化肥配施对安徽沿江双季稻区土壤生物学特性的影响［J］．植物营养与肥料学报，2015，21（2）：387-395.

[33] 万水霞，唐杉，王允青，等．紫云英还田量对稻田土壤微生物数量及活度的影响 [J]. 中国土壤与肥料，2013，4：39-42.

[34] 裴润根，姚易根，黄小云，等．紫云英回田对土壤肥力及水稻产量的影响 [J]. 福建农业科技，2015，1：31-32.

[35] 石其伟．南方水网平原区绿肥还田效果研究 [J]. 安徽农学通报，2012，18 (05)：78-79.

[36] 王琴，张丽霞，吕玉虎，等．紫云英与化肥配施对水稻产量和土壤养分含量的影响 [J]. 草业科学，2012，29 (01)：92-96.

[37] 张树开．紫云英还田减量施用化肥对水稻产量的影响 [J]. 福建农业科技，2011，4：75-77.

[38] 陈国奖．紫云英还田+减量施肥对早稻产量及效益的影响 [J]，福建农业科技，2012，6：56-58.

[39] 徐昌旭，谢志坚，许政良，等．等量紫云英条件下化肥用量对早稻养分吸收和干物质积累的影响 [J]. 江西农业学报，2010，22 (10)：13-14.

[40] 李昱，何春梅，刘志华，等．相同紫云英翻压量化肥减量条件下水稻合理施肥方法研究 [J]. 江西农业学报，2011，23 (11)：128-131.

[41] 崔芳芳．稻草、紫云英用量及配比对潮土镉、砷有效性的影响及其在水稻上的应用 [D]. 武汉：华中农业大学，2014，13-27.

[42] 杜爽爽．稻草、紫云英用量及配比对酸性土壤砷、镉有效性的影响及其在水稻中的应用 [D]. 武汉：华中农业大学，2013，16-29.

[43] 龙安华，倪才英，曹永琳，等．土壤重金属污染植物修复的紫云英调控研究 [J]. 土壤，2007，(39) 4：545-550.

[44] 李秀芬，滕应，骆永明，等．多氯联苯污染土壤的紫云英一根瘤菌联合修复效应 [J]. 土壤，2013，45 (1)：105-110.

第三章 黑麦草

第一节 黑麦草生物学特性

黑麦草（Lolium multiflorum）是禾本科一年生或越年生草本植物。多年生黑麦草又叫宿根黑麦草，一年生黑麦草又叫意大利黑麦草或多花黑麦草，现已广泛分布于世界的温带地区，中国主要在长江流域及其以南的高海拔山区栽培。一年生黑麦草不仅具有较高的饲用价值，而且在耕地质量提升、环境保护、生态农业和社会经济可持续发展等方面有着重要作用[1]，多年生黑麦草主要用于环境绿化，是温带地区优质草坪草品种之一。

一、多年生黑麦草（*Lolium perenne*）

多年生黑麦草原产于西南欧、北非及西南亚等地区，具有再生能力强、耐践踏、成坪快、抗寒等特点而被广泛应用于世界各地的温带地区。在南方各省均有种植，是长江流域如四川、云南、贵州、湖南、湖北一带人工草地的主要优良草坪草品种之一。

1. 形态特征

多年生黑麦草须根发达，秆丛生，分蘖多，高 30~90cm，基部节上生根。叶舌长约 2mm；叶片狭长，长 5~20cm，宽 3~6mm，柔软，具微毛，有时具叶耳。穗形穗状花序直立或稍弯，长 10~20cm，宽 5~8mm；小穗轴节间长约 1mm，平滑无毛；颖披针形，为其小穗长的 1/3，具 5 脉，边缘狭膜质；外稃长圆形，草质，长 5~9mm，具 5 脉，平滑，基盘明显，顶端无芒，或上部小穗具短芒，第一外稃长约 7mm；内稃与外稃等长，两脊生短纤毛。颖果长约为宽的 3 倍。

2. 生长习性

多年生黑麦草对环境适应性较强，喜温暖湿润气候，耐寒，但过热过冷则生长不良。

宜于夏季凉爽冬季不太寒冷地区生长，气温10℃左右能较好地生长，气温27℃以下为最适生长温度，35℃以上则生长不良，甚至死亡，在南方各地能安全越冬。多年生黑麦草耐湿能力较好，光照强、日照短、温度较低对分蘖有利，但排水不良或地下水位过高也不利黑麦草的生长。夏季高热、干旱更为不利。黑麦草对土壤条件要求不严格，但最适于排灌方便、肥沃而湿润的黏土和黏壤土生长，在干旱瘠薄沙土地生长不良，略能耐酸，适宜的土壤pH为6.0~7.0。黑麦草种子发芽适温为13~20℃，低于5℃或高于35℃发芽困难。植株分蘖时最适温度为15℃，光照强、日照短、温度较低对分蘖有利。

二、一年生黑麦草（Lolium multiflorum Lam）

一年生黑麦草又称多花黑麦草，意大利黑麦草，主要用于饲草养殖。在中国适于长江流域的以南的地区，在湖南、江西、浙江、江苏等省及贵州、云南、四川省均有种植。在北方较温暖多雨地区如陕西、东北、河北、内蒙古自治区等也引种春播。

1. 形态特征

一年生黑麦草须根强大，株高一般80~120cm。叶片长22~33cm，宽0.7~1.0cm，千粒重约2.0~2.2g。与多年生黑麦草主要区别：一年生黑麦草叶为卷曲式，颜色相对较浅且粗糙。外稃光滑，显著具芒，长2~6mm，小穗含小花较多，可达15朵小花，因之小穗也较长，可达23mm。

2. 生长习性

一年生黑麦草喜温暖、湿润气候，在温度为12~27℃时生长最快，秋季和春季比其他禾本科草生长快。在潮湿、排水良好的肥沃土壤和有灌溉条件下生长良好，但不耐严寒和干热。最适于肥沃、pH为6.0~7.0的湿润土壤。

三、播期对黑麦草生育特性的影响

1. 播期对黑麦草物候期的影响不大

根据夏守燕等[2]试验结果，免耕直播比翻耕条播出苗速度快，这是由于免耕播种时田间湿度大、气温高，有利于黑麦草出苗，免耕直播出苗仅需4~5天，翻耕条播则需10~17

天，因此黑麦草要适时早播，可充分利用温、光、水资源，以达到黑麦草高产；到拔节期，2种播种方式下各处理物候期逐渐接近，到开花期，各处理生长发育进展基本相同，8月17日免耕直播与9月14日播种开花仅相差2天，9月30日翻耕条播与11月1日播种的开花仅相差4天，而2种播种方式中8月17日播种与11月1日播种的开花期仅相差6天，说明播种期和播种方式对黑麦草物候期的影响不大。

2. 播期对黑麦草产量的影响较大

不同时期产草量变化

根据夏守燕等[2]试验结果，黑麦草适时早播能充分利用温、光、水资源，达到提高黑麦草产量的目的；随着播种期的推迟，黑麦草产量逐次降低，单次测产产量达到峰值的时间也越晚，测产次数也随之减少，但播种期对黑麦草整个生长发育周期的影响不明显；随着生育期的推迟，鲜草水分、粗蛋白含量下降，粗纤维、无氮浸出物含量上升，其他指标变化不大；由于受限于稻田后作水稻栽培季节的限制，在贵州稻田轮作黑麦草栽秧季节种子不能正常成熟收获。

第二节　黑麦草主要品种

黑麦草为禾本科黑麦草属下的一个种，约10种，中国有7种。包括欧亚大陆温带地区的饲草和草场禾草及一些有毒杂草。黑麦草是重要的栽培牧草和绿肥作物。其中多花黑麦草是具有经济价值的栽培牧草。新西兰、澳大利亚、美国和英国广泛栽培用作牛羊的饲草。各地普遍引种栽培的优良牧草。生于草甸草场，路旁湿地常见。广泛分布于克什米尔地区、巴基斯坦、欧洲、亚洲暖温带、非洲北部。黑麦草在春、秋季生长繁茂，草质柔嫩多汁，适口性好，是牛、羊、兔、猪、鸡、鹅、鱼的好饲料。供草期为10月至次年5月，夏天不能生长。生于草甸草场，路旁湿地常见。黑麦草须根发达，但入土不深，丛生。

黑麦草，市场上能见到的一年生黑麦草品种很多，在选择品种前，要先了解四倍体和二倍体品种的区别。自然野生状态的一年生黑麦草都是二倍体，就是植物体内含有两套染色体，而四倍体品种是育种家通过技术手段使染色体加倍到四倍后育成的品种。这两类品种各有不同的特点，与二倍体品种比较，四倍体品种的种子一般会大一些，发芽出苗更快，叶片更宽大，植株更高大，但生长密度没有二倍体品种密。四倍体品种的鲜草产量更高，糖份含量高，纤维少，草质更鲜嫩可口，家畜更喜欢吃，但含水量比二倍体品种高，所以对牛、羊等草食家畜，喂二倍体品种增重更快，而猪、鹅和鱼等饲喂更容易消化的四倍体品种效果更好。此外，四倍体一年生黑麦草品种通常比二倍体品种更抗锈病等病害，而且耐寒和抗旱能力也更强。黑麦草适合生长在排水不畅的地方，长势茂盛，产量高。尤其是四倍体品种的鲜草产量高，糖分含量也特别高，还有值得一提的就是这种草的纤维特别少，家畜喜欢吃，因此增加对黑麦草的种植可以提高产量，同时是家畜的肉质鲜美的保证。这样一种生长条件简单，但是产量高，营养价值高的一种草类，正是养家畜的人的明智之选。种植家畜食用草，黑麦草是首选，选择品种很重要。部分黑麦草品种及特性介绍如下。

1. 邦德黑麦草

邦德黑麦草是新一代的宽叶型四倍体一年生禾本科牧草，叶片宽大，鲜嫩多汁，糖分含量高。邦德黑麦草在美国多处试验中都名列前茅，是冬春季最佳黑麦草品种之一。性喜温凉湿润的气候。适应我国南北方利用冬闲农田等水肥条件较好的地方种植。秋末播种，冬春季割草利用。邦德黑麦草在整个冬闲期间（4—5 月）可割草 4~5 次。邦德黑麦草富含蛋白质、矿物质和维生素，其中干草粗蛋白含量高达 20%以上，各种畜禽和鱼类均喜食用。邦德黑麦草及其根系富含氮磷钾等营养元素。种植一年后，能使土壤有机质增加，培肥地力，促进后作生长，邦德黑麦草建植快，生长旺盛，其根系有助于改善土壤结构。邦德黑麦草抗逆性强，对锈病、叶斑病、白粉病和腐霉病有很突出的抗性。北方 8 月下旬至 11 月份播种，每亩播种量 1~1. 5kg。邦德黑麦草还可以在水稻收割完毕，犁翻碎，并按幅宽 1. 5~2. 0m 左右起畦，整平土地后，按 1kg 每亩的播种量撒播或按行距 20~30cm 条播。播后用钉耙翻镇压，灌水保湿。这种播种方法的好处在于苗床疏松，排灌方便，鲜草产量较高。

2. 阿伯德黑麦草

阿伯德黑麦草，叶片宽大，鲜嫩多汁，比二倍体品种适口性好，消化率高，具有很高的饲用价值。阿伯德抗逆性强，对锈病、叶斑病、白粉病和腐霉病有很突出的抗性。蛋白质含量在 12%~25%，建植快，生长旺盛，其根系有助于改善土壤结构。可多用途使用，既可以鲜喂，也可以调制干草，还可以青贮。

3. 球道黑麦草

球道多年生黑麦草（Fairway）是多年生丛生型草本，叶鞘疏松，开裂或封闭，无毛；叶片质软，扁平，上面被微毛，下面平滑，边缘粗糙，叶耳小；扁穗状花序，种子无芒，千粒重约 1.9g。在众多类型的土壤和不同地理环境中都表现出色；用于休眠状态下的百慕达草坪补播，效果非常理想，很适合冬季在暖季型草坪上补播；全年表现出色，在不经常修剪的情况下也可以保持矮生的外观；春季徒长植株少；抗病能力强，对叶斑病（Leaf Spot）、根茎锈病（Crown Rust）、茎锈病（Stem Ruet）和币斑病（Dollar Spot）有很好的抗性；密度高、质地细。适应性及利用：经过多年精心的研究和试验，球道多年生黑麦草对土壤适应范围广，耐土壤潮湿性好，最适宜生长在冬季温和、夏季凉爽潮湿的寒冷地区。在较好的灌溉条件下，贫瘠的土壤上也可生长良好。在全美 NTEP 草坪耐热性评比试验中，球道多年生黑麦草表现极佳，是一个真正的广谱适应性优秀品种。

可用于庭院草坪、公园、高尔夫球道、高草区、公路旁、机场和其他城市绿地草坪，还可用于快速建坪及护坡绿化的混播品种。建植技术与其他多年生黑麦草种子直播建坪一样，球道多年生黑麦草发芽成坪快。播种后 6~8 天出芽，在此时间之内要保持土壤混润。

4. 草托亚黑麦草

托亚是从欧洲引进的优秀草坪型多年生黑麦草品种。与其他草坪型多年生黑麦草品种相比，托亚因其叶片纤细，形成的草坪致密、极耐践踏而备受使用者的青睐。突出特点：建植速度快，坪质佳，致密均一、颜色深绿，可形成稠密、健康的草坪耐践踏，抗寒、抗旱性强，春季返青早，分蘖能力强，炎热夏季表现出众对锈病、钱斑病等症均性病害有非常高的抗性持久性突出，在北京地区，以托亚单播的草坪四年后密度仍非常好。适用范围：托亚是优良的多用途品种，非常适合于各类高强度使用的运动场、庭院、公共绿地等草坪。在永久性草坪上，还可以用来更新因遭受过度践踏而退化的草坪。托亚可单独播种，并广泛应用于草坪草种的混合播种，主要包括：改进的多年生黑麦草，草地早熟禾，匍匐紫羊茅和高羊茅。

5. 绅士黑麦草

绅士黑麦草以它深绿的色泽，致密的生长状态和极强的抗病力，其耐热性很好。在气候比较温和的冬季，绅士黑麦草仍能保持绿色和密度。即便是在温暖潮湿的条件下，绅士黑麦草也表现出极强的抗病能力，包括锈病、红丝病和长蠕孢叶斑病。黑麦草草坪第一年的质量很大程度上决定于建植阶段。如果黑麦草成坪速度快，就能有效抑制杂草。绅士黑麦草出苗非常快，分蘖早，因而能够很快成坪。

6. 爱神特 2 号黑麦草

爱神特 2 号是一个综合性状十分优异的草坪专用型多年生黑麦草品种，叶色浓绿，叶片质地细腻，草坪密度高，黑麦草爱神特越夏性突出，在春、夏、秋的密度都表现出色，春、夏、秋三季始终保持着这种特色；抗寒性也非常好，给人以恬静、清新的享受。黑麦草爱神特种子的植物内生菌感染率高达90%以上，由此极大地增强了它对许多食叶型昆虫的抗性。同时，黑麦草爱神特其抗病性也进一步得到提高，尤其是对钱斑病的抗性极强，对红线病、褐斑病、叶斑病和腐霉病的抗性也较强。黑麦草爱神特丰富的植物内生菌、良好的抗病性以及春、秋季很高的密度和对冻害较强的抵抗能力，使其拥有了明显改善的综合抗性。

7. 凯蒂莎2号黑麦草

黑麦草凯蒂莎叶细，坪质优；适应性广；优异的耐热性；抗冻害能力强；高抗病虫性（拥有植物内生菌）；对钱斑病、红线病、叶斑病等草坪易感的病害抗性极强，对霜霉病、叶锈病、腐霉病、根褐斑病的抗性强，对多种常见的食草性昆虫有明显的抵抗力。凯蒂莎适应北方和过渡带的多种气候条件，单播或与草地早熟禾、紫羊茅、高羊茅混播效果均很好，常用于高尔夫球场、运动场、城镇绿化、草皮卷生产、公园和庭院。凯蒂莎适于pH6.0~7.0的土壤，但它也能忍受pH5.0~8.0的范围，因此在肥力和排水较好的壤性土壤中生长好，在粘性和沙性土及排水较差的土壤上也能生长。凯蒂莎春、秋两季进行播种，播种量：25~30g/m^2，在混播中的比例以10%~20%为宜，播种后5~7天可出苗，出苗前注意浇水保持土壤湿润。凯蒂莎适宜的修剪高度为4~6cm，生长季内每月施用2.5~3.0g/m^2的氮肥即可，施用全价草坪专用肥效果更好。

8. 金牌美达丽（Medalist-gold）黑麦草

金牌美达丽黑麦草具有浓绿亮丽的色泽、柔软细腻的叶片质地、坪质致密、繁茂旺盛的生长势特点，以及赏心悦目的坪观效果。生活力强，耐低修剪，耐践踏性，抗热耐土壤坚实特性突出；对食叶型昆虫以及红线病、叶锈病、褐斑病等病虫害的抗性强；金牌美达丽可用来更新因遭受过度践踏或病虫害危害的退化草坪。

9. 百灵鸟黑麦草

百灵鸟黑麦草是以直立生生性、质地、色泽、密度及抗病虫害能力为目标经过多年选育而成的新品种。坪用性状好，叶色浓绿亮泽、质地细腻、致密整齐；耐热、耐旱、抗霜冻；抗病虫害能力强：对叶锈病、褐斑病、腐霉病和叶斑病的抗性很强，对多种常见的食草性昆虫有明显的抵抗力；越夏性好，全年能保持较高的密度；适应性强：适应高低水肥管理，养护成本低。百灵鸟黑麦草适应北方和过渡带的气候条件。单播或与其他多年生黑麦草品种、草地早熟禾、紫羊茅等混播效果都很好，常用于高尔夫球场及其他运动场、庭院、公园和公路绿化等草坪的建植，也广泛用于南方暖季型的秋季补播。

10. 德比极品（Derby supreme）黑麦草

德比极品黑麦草是第二代改良型多年生黑麦草，具有深绿色，叶片质地良好，建植迅速和内生菌含量中等的特点。它幼苗生长旺盛，极强的耐践踏性和抗热性。最重要的是它在冬季生长活跃并能在球场因击球导致的草坪损害和践踏损害后迅速恢复。

第三节　黑麦草高效种植技术

一、饲用黑麦草种植技术

1. 选地耕作

选择土壤肥沃、疏松，地势较为平坦、排灌较好的土地进行种植。

播种前翻耕，保持耕作层 20～30cm。开沟做畦，沟深 30cm，宽 30cm，做畦要便于排灌。

施足底肥，亩施1 000～1 500kg 的农家肥或 40～50kg 钙镁磷肥。

将整理好的土地以 1.5～2.0m 进行开墒待用。按每亩 1.2～1.5kg 种子进行播种[3]。

2. 播种方法

播种前。内蒙古在 5 月中旬，陕西武功在 8 月上旬播种最好。长江流域各省秋播以 9 月最宜，亦可迟至 11 月播种，春播以 3 月中下旬为宜。秋播次年或春播当年无论刈割次数多少，天热以后再生都极差，多不能过夏。

播种量。单播时每亩播种量以 1kg 左右为度，收种的可略少。

3. 播种方法

播种方法有条播、点播、撒播三种，一般以条播为主，辅以点播和撒播。条播：将整理好待用的土地以 1.5~2.0m 进行开墒，以行距 20~30cm，播幅 5cm，按每亩 1.2~1.5kg 的播种量进行播种，覆土 1cm 左右，浇透水即可；零星地块用点播的方法进行，其方法是：按塘距离 15cm×15cm，每亩按 1kg 左右（每塘穴 8~12 粒）的播种量进行播种，覆土 1cm 左右，浇透水即可[3]。

4. 田间管理

施肥。水肥充足是充分发挥黑麦草生产潜力的关键性措施，施用氮肥效果尤为显著。据美国试验每亩施氮量为 0.30kg 和 30kg 时，产草量增加而干物质中的粗纤维含量则相对减少，依次为 24.3%、21.5%和 19.0%。可见增加有机物质产量和蛋白质含量，改善了消化率，减少了比纤维素难以被反刍动物消化的半纤维素含量，纤维素含量也随施氮量而减少。据研究，在每亩施氮量 0~22.4kg 情况下，每 1kg 氮素可生产黑麦草干物质 24.2~28.6kg，粗蛋白质 4kg。收割前 3 周每亩施硫酸铵 8.5kg 的黑麦草，穗及枝叶中胡萝卜素含量较不施氮肥者约多 1/3 至 1/2[3]。

在幼苗期要及时清除杂草，每一次收割后要进行松土、施肥，每亩施入尿素 10kg，应特别注意施肥必须在收割后两天进行，以免灼伤草茬。因各种因素造成缺苗的要及时进行补播[3]。

灌溉。黑麦草是需水较多的牧草，在分蘖期、拔节期、抽穗期及每次刈割以后适时灌溉可显著提高产量。夏季灌溉可降低土温，促进生长，有利于越夏。

5. 病虫防治

常见害虫：亚洲飞蝗、宽须蚁蝗、小翅雏蝗、狭翅雏蝗、西伯利亚蝗、草原毛虫类、秆蝇类、粘虫、意大利蝗、蛴螬、蝼蛄类、金针虫类、小地老虎、黄地老虎、大地老虎、白边地老虎、大垫尖翅蝗、小麦皮蓟马、麦穗夜蛾、叶蝉类、青稞穗蝇。防治方法：出苗后主要有地老虎和蛴螬等危害牧草。可用敌百虫、300g/L 氯虫·噻虫嗪、40%辛硫磷等相关药物在天黑前喷雾防治，地老虎可采用灌水方式进行防治。

黑麦草抗病虫害能力较强，高温高湿情况下常发现赤霉病和锈病。前者病状是苗、茎秆、穗均病腐生出粉红色霉，以长出紫色小粒，严重时全株枯死，可用 1%石灰水浸种。发病时喷石灰硫酸合剂防治。后者主要症状是茎叶颖上产生红褐色粉末状疮斑后变为黑色，可用石硫合剂、80%代森锌、10%苯醚甲环唑、12.5%烯唑醇等进行化学保护。合理施肥、灌水及提前刈割，均可防止病的蔓延。

6. 收获

黑麦草收获时期因家畜种类和利用方法不同。喂猪应在抽穗前刈割，喂牛、羊的则可稍迟。调制干草者可在抽穗后刈割。黑麦草产量很高，播种后40～50天后即可割第一次草，割草时无论长势好坏都必须收割，第一次收割留茬不能低于3cm，以后看牧草的长势情况，每隔20～30天收割一次，留茬不能低于3cm。同时根据实际情况，可留至拔节期收割。第一茬草适当早割，这样可促分蘖。用于饲喂牲畜用不完的青草可进行青贮利用。南京分期播种试验结果，春播可刈割1～2次，亩产鲜草2 000～4 000kg；秋播早者冬前即可刈割1次，次年盛夏前可刈割2～3次，每亩总产量8 000～10 000kg。在土质特别肥沃地试种，亩产鲜草可达15 000kg以上。青海春播当前，亩产鲜草亦达7 326kg。据新西兰报道，每年每亩可收干物质1 500～1 900kg，适时刈割的鲜草干物质含量一般在14%左右。

7. 收种

黑麦草结实良好，可种用再生草留种。种子成熟不齐且易落粒，应在基叶变黄，穗呈黄绿色时收种，亩产种子50～75kg或更多。

二、丘陵冬闲地黑麦草丰产栽培技术

很多丘陵山地土壤相对贫瘠，栽培油菜等冬季作物产量低，效益不理想，冬季多闲置。黑麦草耐瘠、抗寒、耐酸、适应性强、抗病虫，是丘陵、荒地的先锋草种。冬季青绿饲料缺乏，如能利用丘陵冬闲地种植黑麦草，可解决部分青绿饲料缺乏问题，对牛、羊、鱼、鹅等养殖增效大有作用。

1. 精心整地

整地多在播种前3～4天开始。翻耕整地前每亩撒施腐熟猪牛粪1 700～2 500kg或浇施腐熟粪尿2 000～3 000kg，钙镁磷肥50kg，酸性较重的红壤等土地每亩撒施生石灰50～60kg。翻耙2～3次后整成所需的畦，随后开好围沟、腰沟和畦沟，以便灌溉、排水。没有厩肥和粪水的，可在翻耙前每亩施入2 000kg以上的土杂肥或塘泥等。

2. 细心播种

黑麦草生长适温为9～18℃，生长临界温度为-2℃，可耐短时的最低气温-15℃、最高气温30℃。选用丰产、抗性强和再生力好的品种，如赣选一号等，于9月上旬至11月底条播。一般每亩播种1.5～2.0kg，播种深度1cm左右，行距25～30cm，播种沟深1.5～2.0cm。播种后覆盖一层厚0.5～1.0cm的土并及时灌1次水，以促发芽出苗。

3. 田间管理

黑麦草出苗后2~3天，要追1次提苗肥，每亩撒施尿素2~3kg。当黑麦草长出2~3片叶后开始分蘖，每亩撒施尿素12~15kg，如能浇施兑水腐熟粪尿500kg效果更好，可促其多分蘖、草壮、嫩爽。以后每割1次草追肥1次，一般每亩撒施尿素10~15kg或浇施兑水腐熟粪尿500kg。

当黑麦草长到80cm左右高时即可收割。割青时按前短后高的要求留茬，第1~2次留茬高3~4cm，以后留茬高5~6cm，一般肥水条件好和温度适宜时，黑麦草每隔18~25天可收割1次。越冬前13~16天不可割草，应留苗高45~50cm，有利草株蓄积较多的有机物，提高其抗寒、抗冻能力。干旱时，每隔7~10天浇1次水。雨天或雪天，常到田间巡视，发现积水或堵沟现象，要及时清沟排水。

第四节　一年生黑麦草种植利用模式

一年生黑麦草是一种适应性强、生育期短、产量高、营养丰富、适合各种畜禽的优良牧草。20世纪70年代以来，日本逐渐在冬闲水田导入了优质牧草意大利黑麦草，建立了黑麦草和水稻在不同季节轮换栽培的草田轮作系统。中国20世纪90年代初期构建了草田轮作系统[4-6]。

一、黑麦草复种单季水稻

黑麦草复种单季水稻（黑麦草—单季水稻）是指秋季种植专用青饲料作物黑麦草，次年夏季接着种植单季水稻的一种农牧结合型种植模式。其特点是可以确保水稻高产稳产，同时提供优质青饲作物，利于发展草食动物生产，此外茬口相对宽松。

1. 适宜区域

适合应用于长江中下游单季稻种植区冬季排水沟良好的水田。

2. 种植规格

黑麦草采用翻耕条播法，行距20~30cm，播种幅宽150~200cm，每公顷播种量约

15kg。撒播每公顷播种量为22.5kg。水稻采用旱床育秧，宽窄行栽插，宽行36cm，窄行23cm，株距17~20cm，每蔸插1粒谷苗。

3. 栽培技术要点

品种选择。黑麦草：选用中、早熟的四倍体多花黑麦草，如特高多花黑麦草和阿伯德多花黑麦草等。水稻：选择高产优质品种，如两优培九、甬优15、甬优1540、金优752、秀水03、中优6号、株两优22等。

茬口安排。黑麦草在水稻收获前20天撒播，或在水稻收割后翻耕播种。水稻一般5月中下旬播种，6月上旬移栽。

4. 田间管理要点

（1）黑麦草

播种。据报道，利用沼液浸泡黑麦草种子是提高其生产性能的有力措施，适宜在生产中推广利用。沼液浸种能显著提高黑麦草种子的发芽能力，对种子发芽率、发芽势的提高作用更明显，促进作用随浸种沼液浓度的增加呈现先上升后下降的趋势，以75%沼液浓度的促进作用最优。沼液浸种对苗高、根长的作用不及其对种子发芽率和发芽势的作用明显，表明沼液浸种主要作用于种子萌发的前期，种子经沼液浸种处理萌发后，及时补施肥料更有利于黑麦草种苗的生长[7]。免耕法：在水稻收获前20天，将黑麦草种子用沼液浸种或用水浸湿后，拌上细砂，撒播于潮湿的稻田里，每公顷播种量为22.5kg。翻耕条播法：在水稻收割后犁田碎土，以每公顷15kg的播种量，播种后盖土深1cm左右并压紧。

肥水管理。黑麦草对氮肥敏感，施氮能提高其产量与质量；一般在苗期和每次刈割1~2天后每公顷施复合肥150~225kg，并结合灌水。

刈割。黑麦草高40~50cm时可开始割第一茬，以后每过20~30天收割一次，割后留茬5~6cm。

饲草利用。割下来的青草可直接喂养畜禽和鱼。青饲为孕穗期或抽穗期收割；调制干草或青贮为盛花期收割。

（2）水稻

育苗。选择肥沃稻田作秧田，稀播匀播。秧田应施足基肥，每公顷施用菜饼150kg，三元复合肥150kg，猪牛栏粪等有机肥11 250~13 500kg。在秧苗1叶1心时可喷施多效唑促秧苗矮壮，2叶期进行间密补稀，秧苗间距3~4cm，保证插秧时秧苗一般有2~3个低位分蘖。

移栽。叶龄3~4叶时移栽，每公顷插主茎苗16.5万~21万。叶龄为14时达苗高峰期，最高苗数控制在每公顷300万到330万以内。

施肥。总用肥量：每公顷施氮270~300kg，五氧化二磷135~150kg，氧化钾270~300kg。分蘖肥占总施氮量和总施钾量的15%~20%，也可分两次施用，第一次在移栽后5~7天结合施除草剂施下，量稍多；第二次在移栽后12~14天施，量稍少。穗粒肥一般占总施氮量和总施钾量的30%~35%，可分三次施，第一次在抽穗前30~35天，第二次在抽穗前15~18天，第三次（粒肥）在始穗期施，各占全生育期施肥总量的15%、15%和5%。

水分管理。移栽期薄水（0.5~1cm）或无水。当主茎叶龄达到10叶时（6月下旬）或每公顷茎蘖数达目标数85%时开始晒田，控制无效分蘖，晒至田边开细裂，田中不陷脚时，再灌薄水湿润，防止裂缝过宽断根影响水稻生长，如此反复轻晒3~4次，保持田边裂缝不增加直至到2叶露尖期。孕穗期复水养胎，到抽穗前天天止坚持薄露结合，以后再轻晒一次直到抽穗期。抽穗灌浆期要灌水2~3cm，以后干湿交替灌浆，收获前7天断水。

病虫害防治。根据当地的预测预报和田间调查，及时做好病虫害的综合防治工作，特别要注意二化螟、稻纵卷叶螟、稻飞虱、稻瘟病、纹枯病等病虫害的防治工作。

（3）注意事项

①黑麦草喜湿怕淹，要及时排灌水。②水稻收获时尽量低割，以免稻茬影响黑麦草的收割利用。③为了不影响水稻生长，应在插秧前15天犁翻草茬，并放水沤田。④水稻要确保晒田效果，孕穗期遇高温可灌跑马水降温，抽穗灌浆期切勿断水过早。

二、黑麦草轮作早稻模式

据广东省潮州市意溪镇西都管理区冬种黑麦草期间施肥对后作水稻生产的影响试验，黑麦草是从美国引进在四川繁殖的意大利黑麦草阿伯德品种（Lolioum multiflorum cv. Aubade）。早稻品种为汕优晚3号（中熟种），晚稻品种为特优63号（中熟种）。结果显示：①种草施肥处理区，尤其是复合肥施肥处理区的早稻生物量高于休闲区和种草无肥区，但分蘖数有所减少；②施肥处理增加早稻和晚稻的稻谷千粒重；施用尿素增加了早稻的有效分蘖，但在一定程度上降低了晚稻的有效分蘖。千粒重和有效分蘖的增加是施肥导致后作水稻增产的主要因素；③种草施肥处理的水稻产量较休闲区增产7.9%~14.6%，比种草无肥区增产9.7%~16.5%，而种草无肥区与休闲区相比，水稻减产1.6%。可见，冬种黑麦草期间施肥是后作水稻增产的不可缺少的条件；④考虑到从黑麦草收获物中必然带走大量的磷和钾，本研究也证实了单施尿素影响晚稻的有效分蘖，而且单施尿素容易引起肥害，因此，种草期间应施用复合肥；施肥量对后作水稻量的影响不大，只要施肥量足以维持黑麦草的正常产量（750kg/hm^2）即可对后作水稻生产产生正面效应[8]。

三、果园套种黑麦草种植模式

果园种植黑麦草可以明显提高果园土壤有机质、碱解氮和速效钾的含量，调节土壤的pH，并能促进树体生长，提高果品产量和质量。

段金辉[9]试验结果表明，果园种植黑麦草对土壤有机质明显提高。苹果园0~5cm地表土壤优于0~10cm土壤，0~10cm土壤优于10~20cm土壤，种草覆草园比清耕对照园有机质含量平均提高0.57%。种草覆草对土壤速效N、P、K影响幅度最大的是0~5cm的土壤耕作层，其次是0~10cm的土壤耕作层。种草覆草园比对照园速效N、P、K平均提高了26.8mg/kg、-4.2mg/kg、136.5mg/kg。同时种草覆草果园速效磷普遍降低，因此，种草覆草果园应注意多施磷肥。种草覆草园0~5cm深度土壤耕作层的pH变化最大；其次是0~10cm深度的土壤耕作层，对土壤偏碱的果园，而实行果园种植黑麦草可以有效降低果园土壤表层的酸碱度。果园种植黑麦草对果树树体生长的影响较明显，苹果园通过种草覆草，果树的树高、干周、冠径、年新梢生长量平均分别为：2.83m、27.50cm、4.55m、35.30cm，平均比对照园分别提高0.18m、0.70cm、0.18m、2.80cm。充分说明果园种植黑麦草可以增强树势，有利于树体生长。果园种植黑麦草对果品产量质量的影响试验结果表明，苹果园平均单株产量31.3kg，亩产量1 739kg，一、二等果率89.6%，全红果率88.5%，可溶性固形物含量10.29%。而对照园分别为26.3kg、1 474kg、81.0%、75.0%、10.28%，可见，果园种草覆草可明显提高果品产量和改善果实品质。

四、茶园套种黑麦草模式

绿肥是指可以利用其生长过程中所产生的全部或部分鲜体，直接或间接翻压到土壤中作肥料；或者是通过它们与主作物的间套轮作，起到促进主作物生长、改善土壤性状等作用作物[10]。茶树是一种喜温、喜湿的多年生深根系作物，一旦栽植即长期固定，不能经常翻耕，随着茶树的生长，采茶、施肥等管理作业只能在茶行中进行，行间土壤长期受人为的影响[11]，土壤板结退化严重，加之茶园中肥料和农药的不合理施用，茶园生态环境日渐恶劣，严重制约茶树的生长发育及高产稳产的获得[12-13]。作为中国传统的有机肥源，绿肥是解决上述问题的有效、实用、经济、便捷的方法[10]。间作生草已经成为许多国家和地区普遍采用的果园土壤管理模式[14]，茶园套种黑麦草种模式能对茶园土壤理化性状及环境小气候的影响，可显著提高土壤肥力，土壤有机质含量、全氮含量、速效磷含量和速效钾含量较对照均有所增加，增幅分别为6.67%~12.6%、0.8%~15.2%、24.1%~26.7%和6.8%~88.9%[15]。

五、"草·稻·鹅"种养结合模式

养鹅是一项投资少、周期短、见效快、利润高的畜牧养殖项目。鹅以草食为主，饲养结果表明[16]每只肉鹅在牧草充分足的情况下，喂给7~8kg饲料加60kg牧草，饲养70~80天即可出栏，可获净利20元左右。而黑麦草是一种优质牧草，鹅非常爱吃。它每年秋天进行播种，至次年抽穗可收割利用8~10次。黑麦草也是改良土壤和深翻沤田的上等绿肥，在最后一茬青草收割后用大量草根沤田，可明显改善土壤肥力，提高稻谷产量。几年来我们通过不断摸索，总结出一整套水田种草养鹅技术：种黑麦草做鹅青饲料，用稻谷做鹅精饲料，用稻秆做鹅栏垫料。一般每公顷水田能产粮食7 500kg左右，产鲜草15万kg左右（高产者达22.5万kg），养鹅3 000只，扣除成本，净收入达4.5万~6.0万元。2011年笔者在浙江绍兴县孙端镇中心示范方连片种植黑麦草14hm^2，实现了粮经双丰收，是一条农民致富的好路子[17]。

第五节　黑麦草综合利用价值

一、养殖业饲料

1. 放牧利用

黑麦草生长快、分蘖多、能耐牧，是优质的放牧用牧草，也是禾本科牧草中可消化物质产量最高的牧草之一。常以单播或与多种牧草作物如紫云英、白三叶、红三叶、苕子等混播。牛、羊、马尤喜欢其混播草地，不仅增膘长肉快，产奶多，还能节省精料。牛、马、羊一般在播后2个月即可轻牧一次，以后每隔1个月可放牧一次。放牧时应分区进行，严防重牧。每次放牧的采食量，以控制在鲜草总量的60%~70%为宜。每次放牧后要追肥和灌水一次。

青刈舍饲。黑麦草营养价值高，富含蛋白质、矿物质和维生素，其中干草粗蛋白含量高达25%以上，且叶多质嫩，适口性好，可直接喂养牛、羊、马、兔、鹿、猪、鹅、鸵鸟、鱼等。牛、马、羊、鹿饲用尤以孕穗期至抽穗期刈割为佳，可采取直接投喂或切段饲喂；用以饲喂猪、兔、家禽和鱼，则在拔节至孕穗期间刈割为佳，以切碎或打浆拌料喂给。青刈舍饲应现刈现喂，不要刈割太多，以免浪费[18]。

黑麦草一般自10月份到次年的6月中旬可以刈割利用。黑麦草播种后，大约一个月生长到40~50cm时，即可进行第一次刈割。以后大约每隔二三十天刈割一次，产草量约为90 000kg/hm^2，最高产可达150 000kg/hm^{2}以上。黑麦草可以青刈后直接投饲，也可以晒成干草或青贮饲喂。目前，有人提出将鲜草汁液提取进行发酵或拌入玉米粉中进行饲喂。目前，黑麦草广泛用于草食动物的养殖。

养牛。据胡振尉报道，用黑麦草代替部分精料饲喂奶牛，可改善瘤胃的内环境，减少酸中毒，提高受胎率，黑麦草的研究与利用前景增加产奶量。试验组每天每头饲喂黑麦草15kg时，产奶量增长19%。而且每头母牛以每天饲喂20~25kg为宜。此时，每头牛每天可增产5.2~5.4kg奶。饲喂肉牛的试验表明，27.96kg黑麦草可使肉牛增重1kg。此外，黑麦草还广泛用于养鹅、养兔、养马、养驴和养鹿等[19,20]。

养猪。用黑麦草代替10%的配合饲料来饲喂生长育肥猪，试用黑麦草代替20%的配合饲料对母猪的产仔数、仔猪出生重、仔猪断奶重及母猪的体重不但无负面影响，反而会提高母猪的泌乳量和仔猪的日增重[19]。

养鱼。黑麦草柔嫩多汁，营养丰富，是鱼类，尤其是草鱼、鳊鱼最理想的青绿饲料。据江西某养鱼场的养殖效果来看，黑麦草喂鱼效果显著，每增长1kg草鱼只需18~21kg鲜草。而且利用方法简便，刈割后可直接投饲，日投草量为草鱼存塘总重量的10%~15%[21,22]。

2. 青贮饲料

黑麦草青贮，可解决供求上出现的季节不平衡和地域不平衡问题，同时也可解决盛产期雨季不宜调制干草的困难，并获得较青贮玉米品质更为优良的青贮料。青贮在抽穗至开花期刈割，应边割边贮。如果黑麦草含水量超过75%，则应添加草粉、麸糠等干物，或晾晒1天消除部分水分后再贮。发酵良好的青贮黑麦草，具有浓厚的醇甜水果香味，是最佳的冬季饲料。

调制干草和干草粉。黑麦草属于细茎草类，干燥失水快，可调制成优良的绿色干草和干草粉。一般可在开花期选择连续3天以上的晴天刈割，割下就地摊成薄层晾晒，晒至含水量在14%以下时堆成垛。也可制成草粉、草块、草饼等，供冬春喂饲，或作商品饲料，或与精料混配利用。

营养。黑麦草干物质粗蛋白质含量为13%~17%，粗脂肪2%~3%，粗纤维28.7%~33.5%，无氮浸出物45%~50%，粗灰分8%~10%，还含有多种维生素[23,24]。黑麦草营养丰富，适口性好，牛、羊、兔、鹅、猪、鸡、鸭、鱼都爱吃，饲养效果显著。王宇涛等[25]

以意大利黑麦草饲喂奶牛，通过23天（5天预试期+18天正试期）饲喂，发现采用部分或者全部黑麦草代替野生杂草作为奶牛的青饲料能够不同程度地提高奶牛的日产奶量，延长奶牛的泌乳高峰期，并提高牛奶中蛋白质的含量；李善润[26]以黑麦草喂兔，结果表明黑麦草有利于提高兔的产毛量和膘情，降低幼兔死亡率，利于母兔催情，提高公兔性欲。

二、草坪利用

随着社会的发展，人们对环境的治理也越来越重视，城市的绿化离不开草坪，足球事业的发展离不开草坪，人们越来越需要绿地，需要草坪。而黑麦草具有根须发达、分蘖多、耐践踏、繁殖力高等优点，因此黑麦草是生产优质草坪的优良草种之一。

黑麦草为高尔夫球道常用草，在温带和寒带地区则用针叶树等常绿树种造景，草坪草以剪股颖、紫羊茅、黑麦草、早熟禾等草种。中国华东、华中地区球场球道和发球台大多选用暖季型草坪草，部分球场果岭也使用了暖季型草坪草。高尔夫球场草坪交播分为果岭交播和球道、发球台交播两种。果岭多选用粗茎早熟禾（RoughBluegrass），粗茎早熟禾具有出芽快、质地细腻和耐低修剪的特性，常用品种有过渡性好的萨伯2号（SabreII）等；球道、发球台选用多年生黑麦草（PerennialRyegrass）交播较合适，常用有夜影（Evening-Shade）、补播王2号（OverseederⅡ）等品种。

三、耕地质量提升

黑麦草根系发达，分蘖性强，具有较强的抗逆性和较广的适应性，对改良低产土壤具有一定的作用。

1. 对污染土壤的修复作用

高彦征等[27]采用盆栽试验方法，研究了黑麦草对土壤中菲和芘的修复作用，结果表明黑麦草可明显促进土壤中菲和芘的降解。张蕾等[28]在室温下进行盆栽试验，研究黑麦草对排污河道疏浚底泥中重金属（Zn、Pb、Cu、Cd、Ni）-有机物复合物污染的修复情况。结果表明黑麦草的根部积累了大量的重金属；黑麦草对底泥中的有机污染物有很好的修复作用；大部分有机物被炭化为CO_2和H_2O，其中部分难降解的大分子量有机污染物也被植物降解为小分子量的易于被植物吸收的形态。陈婀等[29]对黑麦草修复以pp-DDT、v-BHC、HCB为代表的多氯代有机物（PCOPs）污染土壤的效果和根际土壤性质的动态变化进行研究，指出种植黑麦草 90 天后，土壤中 PCOPs 下降 19.01%~41.75%，黑麦草对 PCOPs 吸收能力较强；黑麦草对高浓度污染土壤的修复能力较强。黑麦草独特的根系及代谢生理，使其对土壤的修复具有重要作用。

2. 改善土壤的物理性质

由于黑麦草的根系发达，且根群的 70.0%以上都集中在耕作层（0~15cm）中，加之地上部分绿色体耕埋入土，腐烂后增加土壤腐殖质的含量，能促使耕层土壤团粒结构的形成和巩固，使土壤容量减轻，总孔隙度和非毛管孔隙度增大，从而使板土变松，死土变活。

3. 有利于土壤有机质的积累，提高土壤肥力

黑麦草根系发达，地下部分约占地上部分的 50%[30]，大量的根系残留给土壤提供了充足的有机质，而且黑麦草的碳氮比大，有利于有机质的积累，从而促进了土壤团粒结构的形成。据中山大学杨忠艺教授试验，在冬闲田种植多花黑麦草还可培肥地力，使土壤有机质增加 27.1%，速效氮、磷、钾的含量分别增加 11.0%、25.5%和 57.2%，土壤微生物总量增加 38.0%，对后作水稻的分蘖、株高、穗长、千粒重都有显著的促进作用，平均单产提高 10%[31]。方勇等[32]研究种植越年生黑麦草对红壤 N、P、K 养分变化的影响，结果表明连续几年种植黑麦草的红壤，N、P、K 的全量和有效养分的含量均比新开垦的红壤有显著提高。黑麦草通过最后一茬压青沤田，可增加土壤的有机质含量，大大增加后作的产量。黑麦草植株中含纤维素较多，地下根系多，而且在表土上能产生大量的白色须状根，同时绿色体腐解速度慢，这样有利于耕层有机质的积累。

4. 改善土壤的通透性

由于黑麦草地上和地下部分的综合作用，土壤的物理性状有了改善，从而增加了土壤的通透性。它不仅表现在土壤容重的减轻，总孔隙度和非毛管孔隙度的增加，通透性加强；同时土壤透水性也相应改善。

中国南方红壤区分布范围包括江、浙、闽、赣等 14 个省（市）区，总面积 $1.14\times10^9 hm^2$，约占全国土地总面积的 12%[33]。为了科学地改良红壤“酸、瘦、粘、板”和有机质极其缺乏的不良性状[34]，合理开发利用红壤资源，促进农牧业的协调发展，加速推进农业产业化的进程，进一步缓解家畜优质饲料缺乏的状况，在红壤区种植牧草不失为一条实现农牧业可持续发展，社会效益、生态效益、经济效益协调发展的道路。俄勒岗黑麦草 Loli-um perenne 为禾本科 Gramineae 黑麦草属 Loli-um 越年生多花植物，1984 年被原金华

农校引种种植成功，并在南方红壤区进行大面积的推广种植。根据南方红壤区种植黑麦草对红壤改良的效果、黑麦草饲喂家畜的效果和“草肥混播”种植模式研究等方向的研究，探明了引种牧草与土壤改良、饲喂优质牧草与提高畜产品产量的关系，为选育良种示范推广提供科学依据。种植越年生黑麦草 Lolium perenne 对红壤 N、P、K 养分变化的影响，测定越年生黑麦草的营养成分及家畜饲喂的效果。结果表明，连续种植 2~4 年黑麦草的红壤比新垦红壤的理化性状有了明显改善，其中土壤酸度有显著降低，pH 值上升到 6.1；有机质含量增加了 27.2 倍；全氮含量增加了 2.71 倍；全磷含量增加了 1.33 倍；速效氮含量增加了 2.5 倍；速效磷含量增加了 2 倍；速效钾增加了 2.2 倍。究其原因，可能是由于黑麦草根系细密，且分布于表土，并能团聚土壤颗粒，增加土壤团粒结构；在播种次年 8 月将草翻根入土，增加了土壤有机质含量，改善了土壤的理化性质等，这都有利于土壤养分的积累和提高。可见，连续种植黑麦草能明显地改善红壤的理化性状。这与潘定杨、杨羊根、潘富英等的研究结果基本一致[35]。连续几年种植黑麦草的红壤，N、P、K 的全量和有效养分的含量均比新开垦的红壤显著提高

南方红壤农区地少人多，要用大面积农田扩种牧草很难发展畜牧业生产，只有改变耕作制度，改革单纯依靠粮食转化肉食的传统，把作物种植计划和养畜生产计划结合起来，形成粮食、经济作物和饲料牧草的三元种植结构是南方人工种草的新路子。“紫云英绿肥田混播黑麦草”，黑麦草混播比单播的草产量提高 20%左右；土壤团粒结构提高 6%左右；株养分比单播的明显提高，黑麦草植株含氮量增 27.6%，含磷量增 19.1%，含钾量增 16.1%[36]。

5. 生态

（1）水土保持功能

随着经济的发展，人类正面临着最严峻的环境危机，其中水土流失与沙漠化是最突出的表现之一。先种草再种树已成为水土保持治理的重要方法。而以往种草植树均为被动的消耗性投入，如果能利用现代科技创造出新的多用途、多抗性植物新品种，就能有效地将环境保护与资源培育、改造和利用结合起来，从而实现人类的持续发展需要。黑麦草具有抗酸、耐盐碱及抗寒等优点，在国土资源保护与治理上有着极高的潜在利用价值。它可以向坡地、黄土丘陵山地及盐碱地扩展，提高植被覆盖率，保护生态环境，增产增收，并为长江、黄河等国家重大生态工程建设发挥积极的作用。

黑麦草的根系从二叶期开始就产生次生根，并迅速生长。到成熟前根系的深度可达 104~110cm，根幅的水平分布范围达 45.0~75.0cm。在土壤表层的数量可达 597~1 148 g/m^2[37]。如此发达的根系可以加深活土层，固持土壤，使土壤团粒水稳性、分散特性和团

粒结构得到明显的改善，以提高土壤抗蚀性，减少地表径流量。孙杰[38]于1998年对比研究黑麦草生长期及基本覆盖地面后与种黄豆区同期泥沙流失量，结果表明黑麦草具有显著削减径流泥沙的特点。稻田冬季种植黑麦草能够在一定程度上阻止降雨造成的土壤养分淋失，黑麦草的根系深入土中，可有效固结土壤，增进土壤团粒结构与空隙，减少径流，并减缓径流速度[39,40]。

（2）净化污水功能

郭沛涌等[41]采用围隔系统，研究了陆生植物黑麦草对畜禽养殖富营养水体中主要营养元素磷的净化效应及动态过程，结果表明浮床黑麦草在富营养化水体中生长良好，对富营养水体中的总磷具有明显的净化效果。戴全裕等[42]以多花黑麦草对啤酒废水净化功能进行研究，经过专门的无土栽培，黑麦草能很好地在啤酒废水中生长和完成其生活史。黑麦草对水体的富营养化、水中磷以及啤酒废水等具有明显的净化作用。

参考文献

[1] 莫正海．黑麦草的饲用价值与生态作用研究．现代农业科技［J］. 2010（6）：332-333.

[2] 夏守燕，熊先勤，钟理，陈伟．不同播期对稻田轮作黑麦草生育特性的影响．农技服务［J］. 2011，28（7）：965-966.

[3] 多年生黑麦草种植技术．中国农业推广网［引用日期 2016-02-11］.

[4] 潘永年，华金渭．不同播种量、播种期和收刈期对黑草鲜草产量及其利用的研究［J］. 丽水农业科技，1995，(88)：15-17.

[5] 谢永良，张瑞珍，姚明久，等．不同播期对杰威多花黑麦草产草性能影响的研究［J］. 四川畜牧兽医，2005（12）：23.

[6] 夏守燕，熊先勤，钟理，陈伟．不同播期对稻田轮作黑麦草生育特性的影响［J］. 农技服务，2011，28（7）：965-966.

[7] 刘远，张晓佩，高承芳，等．沼液浸种对黑麦草种子发芽的影响［J］. 福建畜牧兽医 2014，(4)：15-16.

[8] 辛国荣，郑政伟，徐亚幸，杨中艺．“黑麦草-水稻”草田轮作系统的研究 6. 冬种黑麦草期间施肥对后作水稻生产的影响［J］. 草业科技，2002，14：21-27.

[9] 段金辉．果园种植黑麦草对土壤与果树的影响［J］. 山西果树 . 2008，4：3-5.

[10] 曹卫东，徐昌旭．中国主要农区绿肥作物生产与利用技术规程［M］. 北京：中国农业科学技术出版社，2010：1-3.

[11] 廖万有．我国茶园土壤物理性质研究概况与展望［J］. 土壤，1997（3）：121-124，136.

[12] 舒庆龄，赵和涛．不同茶园生态环境对茶树生育及茶叶品质的影响［J］. 生态学杂志，1990，

9（2）：13-17.

[13] 肖润林，王久荣，彭佩钦，等．长江流域丘陵茶园的生态问题研究［J］．农业环境科学学报，2005，24（3）：585-589.

[14] Luce B. Five most important developments［J］. West FruitGrower，2004，124（10）：13 第 4 期．

[15] 宋莉，廖万有，王烨军，等．套种绿肥对茶园土壤理化性状的影响［J］．土壤（Soils），2016，48（4）：675-679.

[16] 马利华，许萍，陈永水，等．“草-稻-鹅”模式的效益与技术．湖南农业科学［J］．2012. 18（5）：56-57.

[17] 王建红，符建荣．等．浙江绿肥生产与综合利用技术［M］．中国农业科学技术出版社．2014. 12：336-339.

[18] 刘金祥．中国南方牧草［M］：化学工业出版社，2004：125.

[19] 王进波．优质饲草——黑麦草的开发与利用［J］．饲料研究，2000，（10）：27.

[20] 金群英．黑麦草喂兔提高繁殖力的效果试验［J］．浙江畜牧兽医，1999，（2）：22.

[21] 孙颖民．水产饲料培养实用技术手册［M］．北京：中国农业出版社，2000.

[22] 李正民．黑麦草喂鱼效果好［J］．江西畜牧兽医杂志，1998，（1）：40.

[23] 张芸兰，吴少菊．黑麦草的生产性能和发展前景［J］．牧草与饲料，1990（2）：49.

[24] 席冬梅，陈勇，彭洪清，等．多花黑麦草不同生长期营养价值评定［J］．草原与草坪，2005，109（2）：62-66.

[25] 王宇涛，辛国荣，陈三有，等．意大利黑麦草饲喂奶牛效果［J］．草业科学，2008，25（10）：118-123.

[26] 李善润．黑麦草喂兔效果好［J］．科技文摘，2005（8）：38-39.

[27] 高彦征，凌婉婷，朱利中，等．黑麦草对多环芳烃污染土壤的修复作用及机制［J］．农业环境科学学报．2005. 24（3）：498-502.

[28] 张蕾，李红霞，马伟芳，等．黑麦草对复合污染河道疏浚底泥修复的研究［J］．农业环境科学学报．2006. 25（1）：107-112.

[29] 陈娴，万大娟，贾晓珊．黑麦草修复多氯代有机物污染土壤的初步研究［J］．环境科技，2009，22（1）：4-8.

[30] 成绍先．高产优质一年生黑麦草特高［J］．农村实用技术，2007（4）：46.

[31] 辛国荣，杨中艺，徐亚幸，等．“黑麦草-水稻”草田轮作系统的研究 V：稻田冬种黑麦草的优质高产栽培技术［J］．草业学报，2000，9（2）：17-23.

[32] 方勇，章红兵．南方红壤区种植黑麦草的效应研究［J］．草业科学，2005，22（4）：69-71.

[33] 朱祖祥．土壤学（下册）［M］．北京：农业出版社，1995. 360-366.

[34] 金华市农业区划办公室．金华市农业资源与综合区划［M］．浙江：浙江科学技术出版社，1987. 57-60.

[35] 潘定杨，杨羊根，潘富英．利用优质牧草改造低丘红壤侵蚀劣质地的研究［J］．中国水土保

持，1992，(10)：40-43.

[36] 方勇，章红兵．南方红壤区种植黑麦草的效应研究［J］. 草业科学，2005，22（4）：69-71.

[37] 孔凡德．黑麦草的研究与利用前景［J］. 四川草原，2002（2）：29-31.

[38] 孙杰．黑麦草保持水土效益的初步分析［J］. 中国水土保持，1988，(10)：28.

[39] VOS J，VANDER PUTTEN P E L，MUKATAR H. Field observations onnitrogen catch crops II. Root length and root length distribution inrelation to species and nitrogen supply［J］. Plant and Soil，1998，(201)：149-155.

[40] SCHUTTER M E，SANDENO J M，DICK R P. Seasonal，soil type，andalternative management influences on microbial communities of vegetablecropping systems［J］. Biology and Fertility of Soils，2001，34（6）：397-410.

[41] 郭沛涌，朱荫湄，宋祥甫，等．陆生植物黑麦草对富营养化水体修复的围隔实验研究总磷的净化效应及其动态过程［J］. 浙江大学学报，2007，34，(5)：560-563.

[42] 戴全裕，陈钊．多花黑麦草对啤酒废水净化功能的研究［J］. 应用生态学报，1993，4（3）：334-337.

第四章　苜蓿

苜蓿（*Medicgo sativa*）是世界上栽培历史最悠久、种植范围最广的多年生豆科牧草之一，因其具有产量高、品质好、适口性好、营养丰富等饲用特性，同时兼具抗干旱、耐盐碱、保持水土等生态作用，被称为“牧草之王”，并在世界各地广泛种植[1]。目前，全世界苜蓿种植面积约 3 220万 hm^2，美国、俄罗斯和阿根廷约占 70%。其中美国面积最大，种植面积约为 850 万 hm^2[2]，是仅次于玉米、大豆和小麦的第四大作物，从而也有“现金作物”之称。中国也属于种植面积较大的国家，约有 377 万 hm^2，居各类人工草地之首[2]。从全球分布来看，苜蓿主要分布在温暖地带，北半球成带状分布，在北纬 30°～60°，美国、加拿大、意大利、法国、中国和前苏联南部是主产区，南半球南纬 20°～45°种植规模较大的国家和区域有阿根廷、智利、南非、澳大利亚、新西兰等[3]。

第一节　苜蓿起源与全球传播

苜蓿是世界上几个最古老的栽培作物之一，在有史记载之前，伊朗就已有苜蓿种植，因而人们普遍认为伊朗是苜蓿的起源中心。但 Sinskaya 认为苜蓿的初生起源中心有两处：一处是外高加索地区的山区，一处是中亚地区[4]。她认为前者是现代欧洲苜蓿的起源地。外高加索地区的高地、小亚细亚以及毗邻的伊朗西北部地区是苜蓿的初生起源地。这个地区的气候特点是典型的大陆性气候，冬季寒冷，因此起源于这个地区的苜蓿大多抗寒性较强。而另一处初生起源地中亚地区（主要是土耳其斯坦地区及中亚其他地区）的气候特点是夏季低湿干热，冬季温暖。因而起源于该地区的苜蓿抗寒性和抗旱性非常差，且容易感染叶病。但在水源充足的条件下，起源于此地的苜蓿又具有很多优点，抗病虫如细菌性萎蔫病、茎部线虫病、其他根部病原菌引起的病害以及抗蚜虫的能力均较强。因此，对于育种学家来说起源于中亚地区的苜蓿种群是很有价值的种质资源。目前，世界各地种植苜蓿的国家均有野生苜蓿种群存在，其中多数是苜蓿传播过程中种子漂流所带来的结果[5]。有人认为近东（除伊朗、阿富汗外的亚洲西南部和非洲东北部地区）一直到亚洲中部之间的地区和西班牙的野生种群是栽培品种的祖先[6]。前者是目前公认的苜蓿的起源地，而后者是目前世界苜蓿栽培品种的重要起源之一。

大约公元前5000年左右，在两河流域及中亚地区就开始驯化种植苜蓿。公元前1400—公元前1200年希泰族石碑上有记载人们在冬季利用苜蓿作饲料来喂养动物，诸多史实证明公元前第1个1 000年内，波斯各地已有大量的苜蓿出现。公元前4世纪，波斯入侵希腊，苜蓿随着士兵们饲养战马和骆驼传播到希腊。在罗马帝国时期（27B. C.—395A. D.），殖民者不断将苜蓿带到西班牙、瑞士、法国、中国、北非地区等各地。然而，随着罗马帝国的落寞，之后中世纪（公元400—1400年）的“黑暗时代”也几乎没有任何记载苜蓿的相关文献。直到16世纪，苜蓿再次由西班牙引入意大利，并在16—18世纪迅速在欧洲（法国、比利时、荷兰、英国、德国、奥地利、瑞典及俄国等）、非洲南部、美洲（墨西哥、美国、秘鲁、智利、阿根廷、乌拉圭等）。18世纪末到19世纪初，苜蓿最后被带到澳大利亚、新西兰及加拿大等地，已传遍欧洲、亚洲、非洲、南美洲、北美洲和大洋洲，标志着苜蓿正式成为一种世界性的牧草[5]。

第二节　中国苜蓿栽培发展和种质资源概况

苜蓿是中国古代重要的豆科饲料作物和救荒作物，已有2 100多年栽培历史。据《史记·大宛列传》记载，公元前139年和公元前119年，在汉武帝二次派遣张骞出使西域过程中带回了苜蓿种子，开在长安周边种植喂养御马，促进了养马业的发展，苜蓿之名也来自古代西域大宛国语buksuk的音译，相当于现代的紫花苜蓿（*Medicago sativa*）。随后，种植规模不断扩大，到了唐朝，除了用作饲料，苜蓿还能充当人类的粮食；宋代苜蓿盛产于陕西，到明代苜蓿种植范围已发展到中原及华北地区，其利用范围已发展到医学上，《本草纲目》中对苜蓿的名源、解释、气味、药效都做了详细记录；清代时期，西北、华北几乎家家户户种植苜蓿，并传播到南方个别地区，同时苜蓿又有了新用途——改良土壤，清代《增订教稼书》、《救荒简易书》都记载了苜蓿改良盐碱地的良好效果；时至今日，中国长江以北的广大地区，西起新疆，东到江苏北部的14个省市自治区均有苜蓿分布，其中以黄河流域华北、西北地区为最多[1]，全国总面积已达到377万hm^2。苜蓿栽培技术上，自汉代引种后，经过长期栽培经验的积累，逐渐形成了一套行之有效的栽培方法。北魏的贾思勰所著的《齐民要术》一书中详细记录了苜蓿的栽培方法：“地宜良熟。七月种之。畦种水浇，一如韭法。亦一剪一上粪，铁杷楼土令起，然后下水。旱种者，重楼耩地，使垄深阔，窍瓠下子，批契曳之。每至正月，烧去枯叶。地液辄耕垄，以铁齿锔楱锔楱之，更以鲁斫斯其科土，则滋茂矣不尔，瘦矣。一年三刈。留子者，一刈则止。春初既中生啖，为羹甚香。长宜饲马，马尤嗜。此物长生，种者一劳永逸。都邑负郭，所宜种之。崔寔曰：七月，八月，可种苜蓿。"《齐民要术》是世界农学史上最早的专著之一，对苜蓿的栽培方法进行详尽记录，足见苜蓿在当时已为人们所广泛重视；明代农学家王象晋所著的《群芳谱》一书中记载了苜蓿长期繁殖方式、轮作技术、培肥地力等内容。"若效两浙种竹法，每一亩今年半去其根，至第三年去另一半，如此更换，可得长生，不烦更种"，也就是现在割一半留一半的交替更新繁殖方法；还有粮食作物轮作和混种技术"若垦后次年种谷，必倍收，为数年积叶坏烂，垦地复深，故今三晋人刈草 3 年即垦作田，亟欲肥地种谷也"。说明古代农民已意识到可利用苜蓿根系的固氮能力，通过 3 年苜蓿与粮食作物轮作来培肥地力而达粮食丰产的目的。清代郭云升撰写的《救荒简易书》中记载了苜蓿与荞、黍等混做的经验，书中写道："闻直隶老农曰：苜蓿菜七月种，必须和秋荞麦而种之，使秋荞麦为苜蓿遮阴，以免烈日晒"，又说五月种苜蓿时"必须和黍种之"，另外，该书还谈到了苜蓿的林草间作—在林阴蔽处"若种苜蓿菜，必能茂盛"。清代的《增订教稼书》则记载了在苜蓿改良盐碱地可改良土壤的情况，书中指出在盐碱地上"宜先种苜蓿，岁夷其苗食之，四年后犁去其根，改种五谷蔬菜，无不发矣"，"苜蓿法，得之沧州老农，甚验"。其中，《群芳谱》是中国 17 世纪初一部专门论述与民生关系最密切、具有经济价值或者某种特用的作物的著作。在这样一部定位于记录与民生关系密切的作物的著作中对苜蓿的栽培方法有详细记载，可以看出当时苜蓿在人们日常生产生活的重要地位[1,7]。对于前人所述的苜蓿栽培措施，如苜蓿与粮食作物混作、林草间作、改良盐碱土壤等[1]，至今还在很多种植区利用。

苜蓿作为中国历史悠久的栽培牧草，长期以来在饲用牧草、培肥土壤、固地护坡、保持水土、美化环境等方面发挥了重要的作用，其种质资源非常丰富。但依据杨青川等[3]对相关文献归纳分析，认为中国苜蓿属植物分类比较混乱，《中国主要植物图鉴》记载苜蓿属植物共有 7 种，《中国苜蓿》记载我国国产苜蓿有 12 种，3 个变种，6 个变型，《中国沙漠植物志》记载为 10 种，《中国植物志》记载共有 13 个种、1 个变种。而吴仁润和卢欣石及《中国草种资源重点保护系列名录》的统计数据，中国苜蓿属内植物种有 46 个，包括亚种和变种，其中野生多年生种有 30 个（12 个变种，1 个亚种），一年生种有 5 个，国外引进种有 11 个。长期以来，随着中国畜牧业的迅速发展，苜蓿产业已成为农牧业经济新的增长点。然而，尽管中国苜蓿栽培历史悠久，但培育新品种的研究起步较晚，直到 20 世纪 50 年代才开始，80 年代以来，苜蓿育种工作取得了较大的成效，但与美国等先进国家相比还有很大差距。截至 2015 年，美国登记的苜蓿品种有 733 个，而中国仅 80 个，其中育成品种 37 个，地方品种 20 个，引进品种 18 个，野生驯化品种 5 个，这远不能满足当前苜蓿快速发展生产的需要。目前，中国加快了推进品种改良的步伐，通过常规育种、杂交育种、雄性不育系育种、生物技术育种等多种育种方法选育优良苜蓿品种，不断满足中国不同苜蓿分布区的需要。在苜蓿各品种生产适宜性及其分布特点等方面，中国研究工作取得显著的成效。黄亮亮[8]对《中国苜蓿》中的 12 个种（8 个多年生牧草，4 个一年生牧草）主要产区进行了介绍，其中紫花苜蓿（*Medicago sativa* L.）主要产区在西北、华北和东北地区，毛荚苜蓿（*M. pubescens* Sirj.）盛产于西藏和云南等地，花苜蓿（*M. ruthenica*（L.）Leddeb）分布较广，在东北、华北、内蒙古、四川、宁夏、陕西、甘肃、青海及西藏均有种植，阔叶苜蓿（*M. platycarpa*（L.）Trautv.）主要在新疆阿尔泰山和天山，辽西苜蓿（*M. vassilczenloi* Worosh）分布在河北、陕西、山西和甘肃等地，矩镰荚苜蓿（*M. archiducis-nicolai* Sirjaev）以青海、甘肃、四川和新疆等省（区）为多，黄花苜蓿（*M. falcate* L.）于东北、华北、西北和内蒙古种植多，多变苜蓿（*M. varia* Msrtyn）基本在新疆省内生产，小苜蓿（*M. minima*（L.）Grufb.）则主要分布在陕西、新疆、江苏、湖北、河南、四川等地，南苜蓿（*M. hispida* Grufb.）在长江中下游种植较普遍，天蓝苜蓿（*M. lupulina* L.）广泛分布于东北、华北、西北、华中及西南等地区，圆盘荚苜蓿（*M. orbicularis*（L.）Bart）以新疆为主种植。在杨青川的《苜蓿种植区划及品种指南》[9]及其他资料中[3,10,11]则详细介绍了每个品种的特点及其适宜种植区域，他认为中国东北苜蓿种植区适宜种植的品种主要有公农系列苜蓿、肇东苜蓿、东苜 1 号、龙牧 801、龙牧 803、龙牧 806、龙牧 808、游客苜蓿等；内蒙古高原苜蓿种植区适宜种植的品种包括草原系列、中苜系列、图牧 1 号、图牧 2 号、中草 3 号、赤草 1 号、敖汉苜蓿、准格尔苜蓿、蔚县苜蓿、大富豪（Millionaire）、WL3531LH、赛特（Sitel）等；黄淮海苜蓿种植区适宜种植的品种主要有中苜系列苜蓿、无棣苜蓿、沧州苜蓿和淮阴苜蓿等；黄土高原苜蓿种植区适宜种植的苜蓿品种包括甘农系列、中兰 1 号、晋南苜蓿、偏关苜蓿和陇中苜蓿等；青藏高原苜蓿种植区适宜种植的品种主要有草原 3 号、甘农 1 号和黄花苜蓿等；新疆苜蓿种植区适宜种植的品种包括伊犁、新疆大叶苜蓿、北疆苜蓿、新牧系列、杂花苜蓿和阿勒泰杂花苜蓿等。而徐丽君等人[12]根据中国各省市的气候特点、降雨量及土壤状况等，采用模型结合专家经验交流方法对中国的紫花苜蓿和杂花苜蓿进行了详细的区域性适应性划分，并将各地划分为苜蓿生态适宜区、次适宜区、不适宜区。其中，适宜区主要分布在：东北区主要集中在吉林、辽宁的中西部及黑龙江东部部分市县；内蒙古区集中在东部的赤峰市、通辽市及兴安盟等，西部的乌兰察布盟、呼和浩特市、鄂尔多斯市等；西北区主要集中在甘肃省的河西走廊，新疆的伊犁地区、昌吉回族自治区及塔里木盆地周边地区，同时在主干河流建立缓冲带作为苜蓿的适宜区；青藏高原区适宜区比较少，青海主要集中在西宁市、海东地区、黄南藏族自治州及海南藏族自治州部分地区；华北区在河北省北部张家口市和承德市的坝上以南的地区；黄土高原区大部分地区都适宜种植苜蓿；华中区主要分布在安徽省北部、江苏省北部、湖北省西北部；西南区主要分布在云南省北部，贵州省毕节市，四川省的成都市、德阳市、遂宁市、绵阳市南部等。上述研究成果为中国苜蓿栽培起到科学的指导作用，将促进苜蓿产业全面快速发展。

第三节　苜蓿植物学特性及生长环境

一、植物学特性

苜蓿是豆科苜蓿属，一年或多年生草本植物。株高 0.3～1.5m，茎直立或斜伸丛生，茎节数 14.6～27.6 个，茎直径 2.4～5.5cm，茎表面光滑，无毛或稍带茸毛，基部分枝多，达 15.5～65.2 个。根系发达，主根长达 2～5m，根颈木质，发育强大，多侧根，主要分布在 0～35cm 土层内。羽状三出复叶，小叶具短柄，小叶倒卵形或心脏形，长 1.6～3.9cm，宽 0.6～2.3cm，顶端钝圆或微凹，上部边缘有锯齿状，下面有疏毛；侧生小叶略小，托叶裂刻较深。总状花序，花梗生于叶腋，2.0～47.4 枚/花序（国外品种远多于国内品种），花序长 2.6～5.7cm，花序宽 1.1～2.4cm，蝶形花，花冠紫色、黄色或深蓝色，由 5 片花萼连成，略呈筒状，萼筒有疏柔毛，基部有针状苞片。荚果螺旋形，有 2.3 旋，微有网纹，荚内具种子 3～7 粒，肾形，黄褐色，约长 2mm，宽 1.5mm，厚 1.5mm。干粒重 1.5～2.5g，每千克种子约 50 万粒[3,11,13-17]。

二、苜蓿适宜的生长环境[13,18-20]

1. 水分

紫花苜蓿根系发达，耐旱性极强，其可从深层土壤中有效吸收水分，年降水量 250～800mm，超过 1 000mm 则生长不良，无霜期 100 天以上的地区均可种植。因此，苜蓿在北方地区也能正常生长。但苜蓿又是需水较多的植物，当雨水充足、空气湿润时非常有利生长，其种植价值也就能充分体现出来。根据苜蓿对水分的要求，其适宜种植在阴坡、半阴坡的荒坡、荒沟、沟壑、川台地、塬地栽培，不适宜在干燥的阳坡、梁峁或山顶种植，也可和经济林下套种。

2. 温度

苜蓿喜温暖气候，种子在5~6℃就能发芽，7~9℃开始生长，发芽的最适温度为25~30℃，适宜生长的日平均温度在15~25℃，最适宜温度为25℃，根在15℃时生长最好，外界温度在超过35℃以上时，苜蓿的生长就受到抑制。紫花苜蓿的根系也比较发达，能耐受-30℃以上的低温，可在积雪覆盖时也能安全越冬。苜蓿从再生草到开花需要800~850℃的积温，而到获得种子则需1 200℃积温。

3. 光照

紫花苜蓿是非常喜欢阳光的一种植物。气温在20~40℃时，光照时间越长，苜蓿的干物质积累越多。同时，紫花苜蓿对光照长短又不敏感，所以在密集生长或灌丛中种植，或在南方适时种植都能正常开花结实，并获得较高的产量。

4. 土壤

苜蓿对土壤的要求不高，除重黏土、底湿地、强酸强碱地外，其他土壤均可生长。从质地上看，从粗砂土到轻黏土都可以栽培；从酸碱性上看，适宜于中性和碱性土壤，在pH值6~8范围均能较好地生长，最适宜的土壤pH为7.5~8.0，酸碱性过强的土壤都会影响苜蓿对磷酸盐的吸收，不利于苜蓿的生长。苜蓿的耐盐能力较强，在盐土上种植2年的紫花苜蓿，能使土壤可溶性盐分含量下降70%，在含盐量0.3%的土壤上也能正常生长，在土层深厚、有机质含量高、排水良好、富含碳酸钙的石灰性土壤上生长最好。

第四节　苜蓿高产栽培技术及主要间作模式

一、苜蓿高产栽培技术

1. 播前整地

选择地势高、干燥、易灌易排，通透性良好、脱盐好、平整度好且土壤以轻壤土为主的土地进行整地，生产环境选得好有利于苜蓿的生长发育和越冬成活率。而整地质量的好坏会直接影响出苗率和整齐度，翻耕土地最好在秋、冬季节干旱时期进行，使用犁、耙、旋耕等方式，将不利于牧草生长的垃圾、杂物、杂草、石块等用物理或化学方法清除干净，改善土壤的通透性，提高持水能力，减少根系刺入土壤的阻力。由于苜蓿种子细小，幼苗细弱，顶破表土的能力差，苗期生长慢、根系浅，成株后直根系入土深阔，可达2. 3m，故要求整地精细，平整，无大土块，无杂草，墒情好，应深翻以利于根系生长。有灌溉条件的地区，春播前应浇足水，含水适宜，及时播种，可保全苗。无灌溉条件的干旱地区，整地后立即镇压再播种，可起到保墒作用，同时达到土壤较紧实，播种深度掌握一致，播后再镇压，以使种子和土壤结合紧密并保墒。盐碱地要建立齐全的排水、灌水设施，保证雨季能排除积水及淡盐的水分[21]。

2. 品种选择

目前苜蓿品种有数百个，品种间生物特性、品质、产量差异显著。一般选择苜蓿品种，首先考虑其抗寒性，抗寒性按休眠性分1~9级。休眠级为1~2级的极耐寒，西北、东北、河北省北部地区可种植。休眠级为3~4级的稍耐寒，西北、东北部分地区及华北大部分地区可种植。休眠级为5~6级耐寒性较差，可在华北部分地区种植。而7~9级品种可在南方种植。根据当地条件选择适宜的品种，如抗寒型、耐旱型、耐盐碱型、抗病虫害型，一般优良品种能提高产量20%~30%。中国有许多优良的品种，例如东北的地方品种抗旱性强，新疆和内蒙古的地方品种耐旱性强，沿海地区的地方品种耐盐碱，国外的引进品种也较多，美国、加拿大、澳大利亚等都有许多丰产、抗病虫害的品种[21,22]。具体品种选择可参考黄亮亮[8]、杨青川[9]、徐丽君[12]等人关于中国苜蓿种植区划及推荐的适宜种植品种等。

品种质量上，按国家规定，商品苜蓿种子的千粒重不能低于1. 6g，发芽率和纯净度分别不低于85%和80%。优质种子的千粒重不能低于1. 8g，发芽率和纯净度均不低于90%[22]。

3. 种子处理

在播前将精选的苜蓿种子摊在阳光下晾晒3~5天，可促进苜蓿种子后熟，提高发芽率。由于苜蓿种子比较坚硬，播前可用碾米机碾轧20~30圈，也可掺入一定数量的石英砂砾、碎石等用搅拌器搅拌、震荡或在砖地上轻轻摩擦，使种皮表面粗糙起毛，种子不碎，以达到擦破种皮的目的。也可以采用变温浸种处理加速种子萌发前的代谢过程，经过热、冷交替，促使种皮破裂，改变其透气性，促进吸水膨胀、萌发。水温以不太烫手为准，在

50~60℃水中浸泡半小时即可，然后捞出，白天放在阳光下曝晒，夜间转至阴凉处，并加水保持种子湿润，经过2~3天后种皮开裂，当大部分种子略有膨胀时播种。播前可将农药、除草剂、根瘤菌和肥料按比例配置拌种，避免苗期病虫害。用根瘤菌等细菌肥料拌种，1kg根瘤菌可拌10kg种子，能提高产量20%以上[21,23]。

4. 短期播种

播种期可选择春播和夏播，春播一般在4月中下旬到5月中下旬，土壤墒情好、风沙危害小的南方地区可春播。而北方土壤干旱、风沙较大且终霜期较迟，宜夏播。播种方式可采取条播、撒播、点播均可，以条播为佳，该法出苗整齐，便于中耕、除草、施肥等管理，行距为15~30cm，种子田以40~45cm为宜。决定苜蓿播种深度的因素有土壤含水量和土壤类型，苜蓿是双子叶植物，种子萌发顶土困难，因此播种深度宜浅，一般播探3~4cm，播的原则是浅播为宜[24,25]。

5. 肥水管理

苜蓿在苗期，由于根瘤菌尚未形成，也没有固氮能力，应该进行施肥，之后因根部出现大量根瘤菌，能为根部提供氮素营养，不提倡再施氮肥，因此，苜蓿施肥以基肥为主。在中等偏下的地力条件下，结合整地，施足底肥，每亩施优质腐熟农家肥2 000~3 000kg，再加过磷酸钙15kg。施肥方法可采取侧深施肥使肥料分布于种子侧下方5cm左右。在苜蓿的生长期，要施25kg的磷肥和5kg的钾肥，宜少量多次。另外，在早春和晚秋，每亩要施15~20kg的尿素促进苜蓿的快速萌发和安全越冬。要保证苜蓿高产，在生长季节内必须要科学合理地灌溉，保证其正常的生长需要；另外，每次刈割后也要及时灌水，为再生牧草的快速生长提供保证。苜蓿不耐积水，在7~8月的雨季要及时排水防涝，水淹24个小时会造成植株死亡[21-23]。

生产过程中磷肥对苜蓿生长有着特别重要的影响，张凡凡等人[26]专门研究了磷肥对苜蓿生产的影响，认为磷肥除了提高苜蓿抗寒性、抗旱性、促进根系发育、有利于淀粉和种子的形成等作用外，磷肥的施入还增加了苜蓿的有效结瘤、根瘤数量和根瘤的鲜质量等，因而苜蓿生产中要注意磷肥的应用[26]。

6. 除草与病虫害防治

除草。杂草不但影响苜蓿的产量，也影响苜蓿的品质，尤其是播种第1年，苜蓿生长缓慢，杂草影响苜蓿的生长发育和产量，因此，种植地杂草比较多的情况下，可在播种前用“农达”等灭生性除草剂处理一次，在播种当年需除草 1～2 次或提前刈割，将杂草种籽与苜蓿同时割掉。在杂草多的地方可选用化学除草剂。播种后苗前可选用乙草胺、都尔等苗前除草剂；苗后可选用精禾草克、精喹禾灵、精吡氟禾草灵等除草剂，宜在紫花苜蓿出苗后 15～20 天施用[18,24]。

病虫害防治。苜蓿发生病虫害后，可引起茎叶枯黄，或出现病斑，有些地区苜蓿叶片残落，导致减产或缩短使用年限，因此，病虫害的防治也是田间管理重要的一项。常见的病虫有蚜虫、黏虫、叶象甲、蛴螬、地老虎、盲椿象、凋萎病、霜霉病等。播前要精心挑选种子，并防治蚜虫、盲椿象、蛴螬等，可用 70%吡虫淋、20%呋虫胺喷洒防治。防叶象甲和黏虫时可用菊酯类3 000～4 000倍喷洒防治，防夜蛾可用乙基多杀菌素、氯虫苯甲酰胺喷洒，霜霉病、黄斑病、白粉病等可用波尔多液、石灰硫磺合剂、20%戊唑醇、30%肟菌酯等药剂在发病期可喷洒 1～2 次，进行防治。另外，对使用年限久的苜蓿地应及时耕翻倒茬[18]。

7. 刈割

播种当年可在停止生长前 1 个月左右刈割利用 1 次，刈割后要有一定生长和营养物质积累期，以利越冬。青刈在孕蕾至初花期进行为最佳，或在株高 30～40cm 时刈割，留茬过高会降低产量。留茬过低不利于再生，一般以留茬 4～5cm 为好，即能获得高产，又能保证优质。收割调制青干草，应选晴好天气刈割，防止雨淋，平晒和扎捆散立风干，不宜在平地上摊晒时间过长、晾晒过干，以防叶片脱落，造成营养大量损失，晾晒到含水量降至 20%（可折断）时堆垛存放。在苜蓿鲜嫩期反刍家畜不宜放牧或慎牧，以防发生膨胀病[27]。

二、苜蓿主要间作模式研究及其效益

苜蓿作为一种具有产草量高、富含蛋白质、适口性好、适应性强等特点的优良豆科牧草，是北方地区饲草生产、生态保护建设的重要草种之一。研究表明，苜蓿与农作物间作可以充分利用光、水、热、肥等条件，从而达到提高产量和品质的目的。苜蓿间作可以改变小气候，使群落环境得到改善，且对病虫害等有一定的抑制作用，还可提高土壤光能利用率，增加经济收入[28]。刘贵河等人[29]认为将农作物与优良牧草苜蓿间作，既满足了粮食需求，又为发展畜牧业提供了饲料来源，有效地缓解了人地矛盾、草畜矛盾，为农牧业持续健康发展奠定了基础。苜蓿间作还能有效控制地表径流，减少水土流失，提高土壤养分含量，提高耕地质量，减少化肥、农药的施用量，具有显著的经济效益、环境效益和社会效益。面对当前中国资源匮乏、能源短缺、环境污染、粮食生产安全等问题，苜蓿间作在促进农业的增产、增收及质量型畜牧业的快速发展，改善生态环境，保证国家粮食生产安全和国民经济的可持续发展中将发挥越来越重要的作用。并专门对苜蓿与其他作物的间作或混作做了系统总结，全面对10种苜蓿主要间作技术及生态效应、社会效应和经济效益等进行综述，现结合其他最新文献将介绍如下。

1. 苜蓿/玉米间作模式

在中国，苜蓿间作中，苜蓿/玉米间作较为广泛。在黄土高原地区，成婧等[30]采用10m苜蓿带+10m玉米带的间作模式，提高了土壤含水量，产沙量明显减少。间作能够有效地拦截泥沙，减少土壤侵蚀，蓄水效益高出近30%，保土效益增加57%。

在山东泰安地区，张桂国等[31]设苜蓿、玉米行数比分别为2：2、3：2、4：2和5：2共4个间作处理开展间作试验，从饲料营养的角度探讨了不同苜蓿+玉米间作模式下，营养物质生产能力及其瘤胃可降解养分产量的差异，苜蓿、玉米行数比为5：2的间作模式表现出最佳的生产优势。

在渭北黄土高原坡地，王健等[32]、齐养周等[33]设置了5°、10°、15°共3个坡度，宽2m、坡长20m的径流小区。玉米苜蓿间作模式为2m玉米+8m苜蓿、4m玉米+6m苜蓿、5m玉米+5m苜蓿、6m玉米+4m苜蓿、8m玉米+2m苜蓿共5种处理，研究了玉米、苜蓿间作对黄土坡耕地降雨产流产沙、养分流失的影响。所用玉米为沈单16号，采用株行距60cm×30cm播种，每亩保苗3 300株，每年4月中旬播入。苜蓿为紫花苜蓿，4月中旬播入，条播行距30cm，播种量为15kg/hm^2。在对产流量影响方面，玉米单作较各间作处理和苜蓿单作拦蓄径流的效果要差，在5°、10°、15°坡上，玉米单作年平均产流总量分别比裸地降低了29.2%、15.8%、12.2%；苜蓿单作年均产流总量分别比裸地降低了78.5%、73.5%、75.0%；玉米苜蓿间作年平均产流总量分别比裸地降低了71.8%、59.7%、59.1%。在对产沙量影响方面，表现出了与产流相似的特征。土壤养分的损失量表现为裸地>玉米单作>玉米—苜蓿间作>苜蓿单作；玉米—苜蓿间作能够有效地减少养分的损失，相对于裸地，间作条件下氮素、磷素和有机质的损失量分别减少81.3%、79.7%、77.4%；相对于玉米单作，间作氮素、磷素和有机质的损失量分别减少73.3%、72.8%、74.1%，但大于苜蓿单作。此外，云峰等[34]研究5m苜蓿带+5m玉米带的间作模式。结果发现：间作可有效减少坡面径流；苜蓿条带土壤含水量明显低于玉米条带土壤含水量；在间作种植界面，随着距离界面越远，苜蓿地的水分含量降低，而玉米地的土壤含水量增大；生长表现为从边界向两侧，玉米株高升高，而苜蓿株高降低。

在河北沧州，刘忠宽等[35]开展了玉米和紫花苜蓿不同间作模式下的光照强度、透光率、土壤养分含量、玉米产量、苜蓿产量和单位面积纯收益变化规律的研究。间作模式有：T1 为玉米大行距 80cm，小行距 50cm，株距 26cm；T2 为玉米大行距 100cm，小行距 40cm，株距 24cm；T3 为玉米大行距 120cm，小行距 35cm，株距 22cm；T4 为玉米大行距 140cm，小行距 24cm，株距 20cm。在玉米大行间播种苜蓿，条播，行距 20cm，距玉米行间距 20cm。结果表明，随着玉米大行距的加大，玉米行间和苜蓿带与玉米带间隔中部、底部的光照强度和透光率均表现出增大趋势。间作处理的有机质、有机氮、速效氮与对照比较均呈增加趋势，土壤有机质、有机氮、速效氮含量随玉米大行距的加大均呈增加趋势。3 个试验年份玉米籽粒产量均以 T2 处理最高，除 T4 处理外其他处理产量均高于对照，苜蓿产量随玉米大行距的加大均呈增加趋势；3 个试验年份所有间作处理单位面积纯收益均高于对照，且以 T3 处理最高。

在内蒙古呼和浩特，刘景辉等[36]采用间作带幅宽 4m，青贮玉米带种植 4 行，行距 50cm，株距 30cm；紫花苜蓿带种植 10 行，行距 20cm，播种量为 15kg/hm^2，青贮玉米与紫花苜蓿行间距 35cm。单作青贮玉米株、行距及紫花苜蓿播种量与间作相同。青贮玉米品种为科多 4 号、科多 8 号、科青 1 号，紫花苜蓿品种为维克多。结果表明，间作青贮玉米边际效应显著。在全生育期内，间作青贮玉米平均透光率比单作时提高 40.7%~62.1%。同一土层温度均为间作高于单作。间作复合群体的粗脂肪和粗蛋白含量比单作青贮玉米分别提高了 30.8%~59.1%和 99.4%~137.5%，而鲜草和干草产量比单作青贮玉米分别降低了 22.7%~32.3%和 17.6%~28.2%，比单作紫花苜蓿分别提高了 156.7%~202.4%和 176.5%~197.5%。

在四川丘陵坡耕地（绵阳），王学春等人[37]通过比较玉米单作、苜蓿单作和苜蓿玉米间作 3 种种植模式的田间土壤水分含量和地表径流量，产量与产值等。结果表明：在降水较多的 7 月，苜蓿—玉米间作田的土壤含水量在 0~20cm、40~60cm 和 80~100cm 土层分别为 19.5%~21.6%、18.2%~20.3%和 16.3%~18.5%；在降水较少的 12 月，其土壤含水量分别为 19.5%~21.7%、18.2%~20.1%和 17.1%~18.5%。2012—2014 年，苜蓿玉米间作田的地表平均径流量为 15 471m^3/km^2；比苜蓿单作田增加 56.1%，比玉米单作田减少 29.1%。苜蓿玉米间作田的苜蓿干草产量为 18 073~22 164kg/hm^2，玉米籽粒产量为 3 864~4 176kg/hm^2，玉米秸秆产量为 4 830~5 890kg/hm^2，其产值为 49 900~50 100 元/hm^2，略低于苜蓿单作田，显著高于玉米单作田。认为从土壤水分变迁和地表径流等角度综合考虑，在四川丘陵坡耕地推行苜蓿玉米间作具有较强的可行性，但在推行过程中需注意选取耐高温、耐高湿的苜蓿品种，并注意苜蓿生长期间的病害防治。

成婧等[38]选取 5°、10°、15°共 3 个不同坡度的耕地，对玉米—苜蓿间作模式和玉米单作模式下的土壤养分含量以及作物产量进行了对比。结果表明，间作的养分损失量要小于单作，有机质、全氮、全磷、硝态氮、铵态氮、速磷和速钾含量分别相对减少了0.04g/kg、0.05g/kg、0.01g/kg、1.6mg/kg、1.2mg/kg、0.1mg/kg和3.2mg/kg；两种种植模式坡上的土壤养分含量均小于坡下，各坡度下间作的玉米产量均高于单作的玉米产量，5°~15°间作地的玉米产量分别为7 426.3、7 280.3和6 802.5kg/hm^2，比单作玉米的产量分别提高了1.35%、0.92%和0.89%，且间作地的苜蓿产量达到了当地单产水平，表明在渭北旱塬区玉米—苜蓿间作措施是可行的。

2. 小麦/苜蓿间作模式

在河北省栾城县（华北山前平原高产农区的典型代表区）小麦/苜蓿间作田中，每5垄小麦间播5垄苜蓿，共5个小麦垄带和4个苜蓿垄带[39]。小麦/苜蓿间作可显著降低蚜虫的种群密度及其对小麦的危害性，从而提高小麦的产量（提高2倍多）。间作显著影响了麦田中几种优势天敌的种群密度和种群生态。间作使得天敌组合中各成员的数量在时序上分布更为均一，间作优化了这一天敌组合。

3. 苜蓿/燕麦间作模式

在陕西关中地区，杜欣等[40]以燕麦与苜蓿比为3：1的比例进行间条播种植，结果生产性能最好，干草产量和粗蛋白产量均最高，分别比单播燕麦增产12.0%和8.6%，单位面积获得的干物质产量和粗蛋白产量均最高。

张婷婷等人[41]在呼和浩特市内蒙古农业大学科技园区（盐碱化农田）和呼伦贝尔市牙克石农场（黑土地）通过二年试验，设置燕麦分别与箭筈豌豆、紫花苜蓿间作，燕麦带宽为1.2m、2.4m、3.6m，箭筈豌豆、紫花苜蓿带宽均为1.2m，即设1：1、2：1、3：1三种模式。结果显示：盐碱化农田2：1间作模式的混合产草量较其他2种模式高7.95%~30.78%，黑土地2：1较其他2种模式高10.05%~38.09%，品质指标也显著高于其他2种模式。盐碱化农田和黑土地上2：1模式下的土壤过氧化氢酶活性较其他模式分别高5.30%~38.40%和0.62%~24.89%，土壤蔗糖酶活性2：1模式较其他模式分别高0.15%~43.66%和0.23%~22.84%。2：1模式燕麦的土壤脲酶活性高于豆科作物，说明燕麦能较好的利用豆科固定的氮素。总之，不论是盐碱化农田还是黑土地，从混合饲草产量、品质、土壤过氧化氢酶活性、土壤蔗糖酶活性、土壤脲酶活性来看，2：1为较理想的间作模式。

4. 苜蓿/谷子或糜子间作模式

在宁夏南部旱区，路海东[42]在缓坡地（5°坡耕地）设2：4（苜蓿带2m，粮带4m）、

4：8、6：6A、4：2、8：4、6：6B 共 6 种粮草间作带型，粮食作物种植谷子或糜子；在陡坡地（15°坡耕地）设 4：4、6：6、8：8、4：6、6：4、6：8 和 8：6 共 7 种粮草间作带型。在 5°坡地上，4：2 和 2：4 间作带型的水土保持效果、养分流失防治效果最好，地表径流量、泥沙流失量较单作处理分别减少 30%、98%以上；2：4 间作带型的增产效果最佳，与单作相比，谷子和糜子分别增产 23.88%和 21.44%；2：4 间作带型提高粮带的土壤水分含量效果最佳。在 15°坡地上，4：4 增产效果最为显著；4：4、4：6 和 6：4 间作带型的水土保持效果、养分流失防治效果最好；4：4 间作带型提高粮带的土壤水分含量效果最佳。在 5°坡地上，2：4 间作带型能显著提高谷子和糜子叶片的净光合速率、不同生育阶段的叶面积指数、作物生长率和净同化率，而在 15°坡地上，4：4 粮草间作带型的增产幅度最大。

5. 棉花/苜蓿间作模式

在甘肃干旱半干旱绿洲灌溉农业区，棉花种植均为地膜覆盖栽培，膜宽 160cm，膜间距 50cm，每膜种 4 行，行距 40cm，株距 16cm。在棉花膜间的土垄内间作紫花苜蓿，土垄宽 0.3m，3 月中旬播种；棉花于 4 月中旬播种。间作苜蓿带对棉田节肢动物群落的影响相当大，间作苜蓿棉田天敌的控害能力强于对照棉田。间作苜蓿棉田天敌的生态位宽度和主要天敌如蜘蛛类、多异瓢虫与害虫生态位重叠度大于对照棉田，更能有效地控制棉花害虫的危害[43]。

6. 苜蓿/马铃薯间作模式

在黄土丘陵沟壑区，王立等[44]采用马铃薯与紫花苜蓿间作、春小麦与紫花苜蓿间作、鹰嘴豆与紫花苜蓿间作，带宽 3.6m，春小麦、马铃薯、鹰嘴豆与紫花苜蓿幅宽均为 1.8m，每区各两带的方式，结果马铃薯与紫花苜蓿间作模式能更有效地减少地表径流量、降低土壤侵蚀量，免耕秸秆覆盖处理的马铃薯间作模式防治坡耕地水土流失的效果更佳。

7. 苜蓿/印度芥菜间作模式

李新博等[45]采用盆栽试验，印度芥菜/苜蓿间作设置以盆直径为中线，一半种植印度芥菜，一半种植苜蓿，印度芥菜留苗 5 株，苜蓿留苗 10 株。结果表明：印度芥菜和苜蓿间作使苜蓿产量大幅度提高；土壤 Cd 浓度较低时，印度芥菜/苜蓿间作使印度芥菜吸 Cd 量提高；在一定土壤 Cd 浓度范围内，利用印度芥菜和苜蓿间作的种植方式可以有效降低苜蓿地上部 Cd 含量，保证饲料生产安全，同时提高印度芥菜的净化效果。

8. 林草/苜蓿间作模式

在黄土高原丘陵沟壑区[46]，林草（苜蓿）间作模式有柽柳+陇东苜蓿、沙棘+陇东苜蓿、山桃+陇东苜蓿、山杏+陇东苜蓿、侧柏+陇东苜蓿。结果表明，林草间作种植模式兼顾了生态、经济和社会三大效益，达到了农民增收致富，同时改变土地利用结构、恢复植被、减少水土流失、改善生态环境的目的。

李丹等[47]对新疆石河子垦区 147 农场盐渍化变化进行调查发现，林草（植俄罗斯速生杨+苜蓿）间作土壤盐分含量较单作苜蓿有显著减少，盐分表聚削弱；滴灌土壤表层浅润快干，使林草间作系统土壤 0~30cm 浅层的盐分含量变化明显大于深层土壤；随滴灌淋洗，盐分逐渐下移，土层 90~140cm 出现较明显的盐分聚集，并向林草间、林根区横向运移；林草间作对耕作层土壤起到较好的改盐效果。

陈澍等[48]对苜蓿间作对农业面源污染的影响，分析了滇池流域面山垦殖区三种种植模式下（黑麦草+苜蓿+桃树、黑麦草+苜蓿和桃树）的径流、泥沙流失量和养分流失情况。试验结果显示：黑麦草+苜蓿+桃树的林草间作模式地表径流流失量为 0. 74ml/m^2，总氮（TN）、总磷（TP）和水体固体悬浮物（SS）流失量分别为 1. 83、0. 17、3. 37mg/m^2；黑麦草+苜蓿的牧草单作模式地表径流流失量为 0. 84L/m^2，TN、TP 和 SS 流失量分别为 2. 51、0. 25、4. 21mg/m^2；桃树单作地表径流流失量为 0. 92ml/m^2，TN、TP 和 SS 流失量分别为 2. 69、0. 26、4. 10mg/m^2。结果表明黑麦草+苜蓿+桃树的林草间作种植模式削减农田地表径流和径流污染的效果较好。

9. 果苜蓿间作模式

在河南驻马店蚁封林场，刘军和[49]将紫花苜蓿 4 月份在杏李的行间播种，播种宽度为 3m，长 42m，每个处理设 3 个重复，每个重复调查 2 行果树 26 棵，牧草调查 2 行，果树行间距的间隔种植牧草，宽 3m，长 39m。结果表明，美国杏李园间种紫花苜蓿对天敌功能团的演替产生一定的作用，杏李树不同发育阶段中，天敌功能团的群落参数随物候改变而改变。

在甘肃省河西走廊，苏培玺等[50]在 2003 年移栽 3 年生临泽小枣，株行距为 3m×3m，紫花苜蓿在 2004 年 4 月份种植，条播，行距 30cm；2006 年进行观测研究，内部绿洲和边缘绿洲的临泽小枣/紫花苜蓿复合系统需水量分别为 980. 3mm 和 1 342. 3mm。临泽小枣/紫花苜蓿复合系统增加的需水量为枣树需水量的 56. 2%，紫花苜蓿需水量的 41. 9%。从单种枣树和紫花苜蓿及其复合种植的需水量可以看出：枣树/紫花苜蓿复合系统不适应大面积发展；发展时应加大枣树带宽，枣树带内不宜种紫花苜蓿。

在山西地区，曹彦清等[51]研究了间作苜蓿草枣园地表昆虫群落物种组成及优势度动态变化。结果表明，枣草间作不仅可增加枣林植被的多样性，扩大捕食性天敌昆虫的生态容量，而且有助于实现枣树生产可持续发展和有害生物生态调控。

10. 苜蓿/茶树间作模式

在安徽地区，沈洁等[52]研究了幼龄茶树与紫花苜蓿以不同密度进行间作。茶树在3龄内，双行条栽，株行距0.4m×0.4m，双条间距离2.0m。紫花苜蓿在茶树行间双条间条播，行距0.4m，播种量18kg/hm^2。茶树与苜蓿间距分别按30cm、60cm、90cm这三种间作处理。结果表明，在盛夏季节，间作能降低茶园光照强度、空气温度，提高系统内的空气相对湿度，改善土壤温度和物理性状，且随着间作密度的增加其效应更加明显。茶树—苜蓿的合理间作能促进茶园生态系统良性循环。

11. 桑园/苜蓿间作模式

在黑龙江省佳木斯市黑龙江省农垦科学院作物所内，张萌萌等人[53]研究了桑园/苜蓿间作种植模式对根际土壤酶活性及土壤微生物群落功能多样性的影响。结果表明：间作苜蓿的蔗糖酶和过氧化氢酶活性分别比单作苜蓿提高了30.3%和21.4%，达显著差异水平；而间作桑树则相反，分别比单作桑树降低了23.8%和2.6%，达显著差异水平；间作桑树和间作苜蓿的根际土壤酸性磷酸酶活性分别比单作提高了23.0%和28.9%，而脲酶活性则分别降低了52.4%和44.3%。在桑树/苜蓿间作体系下，间作桑树的表征土壤微生物代谢活性强弱平均颜色变化率、多样性指数、均匀度指数和优势度指数均显著高于单作桑树，而间作苜蓿均低于单作苜蓿。表明桑树/苜蓿间作提高了桑树根际土壤微生物群落的多样性。

在松嫩平原牧区，胡举伟等人[54]研究认为，间作桑树的株高、叶生物量、茎生物量和叶片粗蛋白含量分别比单作桑树增加了9.2%、36.4%、61.1%和12.7%；间作苜蓿的株高、主茎分枝数、叶绿素a含量、叶绿素b含量和粗蛋白含量分别比单作苜蓿增加了8.7%、26.7%、11.4%、20.5%和21.4%。间作桑树根际土壤的有机氮含量、速效氮含量、脲酶活性分别比单作桑树增加了3.3%、21.5%和32.7%；间作苜蓿根际土壤的有机氮含量、速效氮含量、脲酶活性分别比单作苜蓿增加了3.4%、26.6%和32.3%。桑树/苜蓿间作系统的土地当量比（LER）为1.29，大于1。间作桑树的光饱和点（LSP）、光补偿点（LCP）和最大净光合速率（P_{max}）分别比单作桑树提高了15.0%、39.3%和20.7%；间作苜蓿的LSP，LCP和P_{max}分别比单作苜蓿降低了15.6%、33.9%和17.6%，桑树/苜蓿间作增加了桑树和苜蓿的表观量子效率（AQY）。表明桑树/苜蓿间作提高了桑树对强光和苜蓿对弱光的利用能力，从而使间作体系表现出明显的产量优势。

第五节　苜蓿的综合利用

苜蓿不仅有“牧草之王”的美誉，也因茎叶中含有50多种营养元素而被称为“万能植物”[55]。苜蓿中既含有丰富的粗蛋白、粗脂肪、纤维素、钙、磷等营养物质，也含有大量的皂甙、多糖、黄酮等生物活性物质，因此，苜蓿在促进畜牧业发展的同时，也在土壤培育、农作物产量增产及品质改良、医学应用及保健食品开发等各方面发挥了重要的作用。

一、苜蓿的营养价值

苜蓿营养成分非常丰富，诸多学术已作了很多研究，如孙仕仙等人[56]对云南省应用较广泛的10个苜蓿品种营养成分在不同时期进行了分析，各种粗蛋白均在18%以上（表4-1）；徐丽君等人[57]对6个不同苜蓿的营养成分分析表明，粗蛋白含量13.92%~17.94%，粗脂肪含量1.96%~2.93%，粗灰分含量8.72%~9.91%，中性洗涤纤维含量35.96%~50.11%，酸性洗涤纤维含量22.34%~28.57%，钙含量0.73%~1.53%，磷含量0.15%~0.23%；孙万斌等人[15]对20个紫花苜蓿品种二年的调查（见表4-2）及高润等人[11]对内蒙古河套地区种植的23个苜蓿第二年二茬养分分析（见表4-3）均表现出苜蓿高含量的营养成分。王鑫等[20]认为苜蓿除含粗蛋白23.31%、粗脂肪1.53%、粗纤维37.11%、无氮浸出物15.00%、钙1.98%和磷0.271%外，还含有较多氨基酸，赖氨酸1.80%、组氨酸0.58%、精氨酸1.03%、谷氨酸1.84%、丙氨酸1.16%和甘氨酸0.30%等，其中孕蕾期含量（23.31%）>盛花期（18.52%）>结荚期（16.98%）。同时，苜蓿可消化总营养物质是禾本科的2倍，可消化蛋白质是禾本科的2~5倍，可消化矿物质是禾本科的6倍。

此外，苜蓿还含大量的天然活性物质。陈红莉等人[58]认为在优化条件下，苜蓿可提取粗多糖11.3%；薄亚光等[59]对6个紫花苜蓿品种茎、叶中的总黄酮进行了提取和测定，结果表明，各品种、株系间总黄酮含量有差异，平均总黄酮含量最大的是牧歌三叶（Ameri Graze Trifoliolate）品种，含量为7.08mg/g，最小的是全能三叶（Total Trifoliolae）品种，含量为6.32mg/g。高微微[60]对不同地区来源的苜蓿进行测定的结果表明，栽培紫花苜蓿总黄酮明显低于野生紫花苜蓿，黄花苜蓿和野生紫花苜蓿总黄酮含量较高，花苜蓿在4个样品中居中；苜蓿的不同生育时期黄酮含量也有较大的差异。通过对45个紫花苜蓿栽培品种研究得出，苜蓿茎叶中黄酮含量在各生育期的变化趋势有差异，叶片中黄酮含量随着植株由营养生长转为生殖生长逐渐升高，在始花期达到最高，随后逐渐下降；而茎中黄酮含量在植株生长初期最高，以后随着木质化程度的增加逐渐下降。故要收获较多量的苜蓿黄酮，宜在苜蓿营养生长期至开花期刈割并提取。同一品种不同季节黄酮含量也有差异，夏季植株中黄酮含量高于春季，故在夏季收获提取为宜。对不同生长年限的苜蓿来说，要获得较高的黄酮成分，4 年应是适宜的栽培年限。同一植株中，叶片的黄酮含量高于茎，陈寒青等[61]通过 HPLC 法对红花苜蓿不同部位（花、茎和叶）中 4 种主要异黄酮含量进行测定，结果表明：以占干物质计，4 种异黄酮总量叶中含量最高（0.856%），茎次之（0.403%），花中含量较低（0.258%）。陈燕绘等人[62]报道了苜蓿含有重要的生物和药理活性物质—皂苷，苜蓿根部和地上部分皂苷含量分别为 1.34%~2.43%和 0.60%~1.49%，含量高低受苜蓿品种、部位和生长时期的影响。

表 4-1 10 个云南紫花苜蓿品种不同时期营养成分 % DW

成分	第 1 年				第 2 年			
	孕蕾期		株高 45cm		孕蕾期		初花期	
	范围	平均值	范围	平均值	范围	平均值	范围	平均值
粗蛋白	19.9~22.9	21.2	28.3~32.8	30.5	20.0~22.6	21.6	18.9~21.3	20.2
粗脂肪	2.6~3.3	2.9	4.2~5.0	4.6	2.9~4.1	3.5	2.4~3.0	2.8
粗纤维	24.3~25.7	24.9	18.2~20.0	19.1	24.8~26.0	25.2	29.9~31.8	30.7
粗灰分	10.1~11.9	10.8	11.1~13.7	12.6	8.8~10.5	9.4	7.6~9.2	8.7
无氮浸出液	29.2~33.1	30.8	18.3~24.8	22.1	29.9~33.9	32.0	26.6~30.4	28.4
钙	1.2~1.6	1.4	1.2~1.5	1.3	1.4~1.7	1.6	1.5~1.8	1.7
磷	0.19~0.29	0.25	0.27~0.37	0.31	0.21~0.31	0.26	0.18~0.25	0.21

表 4-2 甘肃 20 个紫花苜蓿品种生产性能及营养成分

项目	武威黄羊镇				兰州永登			
	2014 年		2015 年		2014 年		2015 年	
	范围	平均值	范围	平均值	范围	平均值	范围	平均值
产量（t/hm^2）	4.97~8.42	6.64	5.77~9.77	7.35	4.96~7.34	6.11	6.31~8.76	7.17
株高（cm）	74.63~109.15	85.79	75.27~101.93	87.66	71.38~96.25	85.94	82.00~100.43	93.38
茎叶比	0.90~1.33	1.1	1.11~1.37	1.26	1.00~1.37	1.21	1.10~1.35	1.23

（续表）

项目	武威黄羊镇				兰州永登			
	2014 年		2015 年		2014 年		2015 年	
	范围	平均值	范围	平均值	范围	平均值	范围	平均值
鲜干比	4.14~5.45	4.81	4.71~5.22	5.02	4.12~4.80	4.41	3.65~5.13	4.34
粗蛋白（%）	14.21~18.48	16.06	15.04~18.81	17.11	15.35~18.51	16.97	15.05~18.25	16.53
粗脂肪（%）	1.63~2.24	2.02	2.14~2.78	2.47	1.87~2.34	2.11	2.28~3.08	2.80
粗灰分（%）	10.48~12.12	11.36	9.01~10.64	9.75	9.64~11.39	10.48	9.01~10.63	9.69
中性洗涤纤维（%）	31.88~40.49	36.44	31.16~39.32	34.64	33.40~40.46	36.35	33.39~38.57	36.58
酸性洗涤纤维（%）	37.59~44.97	42.01	38.10~45.79	41.85	41.64~48.71	44.85	41.82~49.64	46.27

表 4-3　23 苜蓿品种生长两年产量（干草）及营养成分分析

项目	第 1 茬		第 2 茬	
	范围	平均值	范围	平均值
产量（t/hm^2）	3 276~5 624	4 411.3	2 548~4 194	3 316.4
株高（cm）	63.13~83.49	76.97	64.63~84.38	72.73
茎叶比	0.83~1.28	1.11	0.73~1.27	1.08
粗蛋白（%）	14.49~18.08	16.17	18.03~21.95	20.14
中性洗涤纤维（%）	41.27~48.43	45.26	40.97~50.04	44.40
酸性洗涤纤维（%）	27.62~34.64	31.19	27.97~36.57	30.77

二、苜蓿在畜牧上的功效

由于紫花苜蓿全面而丰富的营养，在现代畜牧业生产中是很好的精饲料替代品，用紫花苜蓿鲜草喂猪，可替代 30%~40%的精饲料，饲喂草食家畜和家兔可替代 100%的精饲料，且适口性好，可消化蛋白质比颗粒饲料高 22.2g/kg，除粗脂肪外，紫花苜蓿鲜草各营养物质的消化率均高于颗粒饲料，饲喂家兔蛋白质的利用率可高达 36%。采用人工脱水方式生产的紫花苜蓿，在禽类日粮中至少可替代 5%~7%的精饲料，在家兔日粮中可替代 20%的精饲料，在猪日粮中比重可占 10%以上，在牛、羊日粮中比重可达 100%[20]；紫花苜蓿青草用于饲喂土鸡可占到日粮中饲喂量的60%，在鸭、鹅饲料中可占一天饲喂量的60%~70%[63]。可见，苜蓿在养殖业生产中有很高的营养价值，利用苜蓿作青贮饲料，不仅促进畜禽生长发育，也节省了大量的饲用粮食。

此外，苜蓿中含有丰富的活性物质提高了家禽品质和免疫能力，降低生病甚至死亡的风险。其中苜蓿皂苷不仅能提高苜蓿自身的抗病虫性，作为饲料还具有降低胆固醇、调节脂类代谢、抗癌、抗氧化和提高机体免疫力等作用[62]。黄酮（flavonoids）作为苜蓿的生物活性成分之一，在一定剂量范围内对畜禽有明显的促进生长、提高繁殖力和增强机体免疫力等作用[63]。在蛋鸡日粮中添加5%的苜蓿草粉，可以显著改善蛋黄的颜色；在肉禽日粮中添加适宜的苜蓿产品，在叶黄素的作用下可显著改善肉禽喙、爪、皮肤的颜色，并使肉质鲜美[64]。肉鸡饲料中添加紫花苜蓿粉可以改善肉鸡腹腔积水、骨胳脆弱的症状。在鸭鹅饲料中添加紫花苜蓿可防止雏鸭、鹅骨头脆弱，往前扑，卧地不起，减少鸭、鹅疾病的发生[65]。在育肥猪饲料中适当添加部分紫花苜蓿草粉，相应减少精饲料，能促进育肥猪生长，降低养殖成本，但其添加最佳比例为10%，不能超过20%，毕竟为粗饲料，如果比例过高，将影响精饲料的消化吸收，反而起到了副作用。如仔猪日粮中添加紫花苜蓿草粉250g，60天后结果表明：试验组比对照组头均日增重提高114.95%，增重差异显著（$P<0.05$），每千克增重节省饲料成本1.39元，头均赢利增加116.4元[66]。还有研究表明育肥猪日粮中添加适量的苜蓿，会增加胴体瘦肉率，且肉质鲜嫩，用高水平苜蓿饲喂的猪后腿、腰部和肩部肉较多，而腹部和背部脂肪都较少[63]。左新等[67]报道紫花苜蓿能够保证牛奶质量并提高奶牛的产奶量，紫花苜蓿加入后，牛奶质量仍达到牛奶企业的一级奶标准，产奶量明显提高。紫花苜蓿使奶牛生产经济效益显著提高，紫花苜蓿降低了奶牛养殖业中饲料所占的成本，提高了获得利润的空间。

三、土壤改良的作用

紫花苜蓿是肥田改土和保持水土的重要植物。苜蓿能通过根上的共生根瘤菌，固定空气中的游离氮元素增加农田土壤氮元素，从而达到提高土壤肥力的作用，苜蓿每年约能固氮273kg/hm^2。另外苜蓿还具有发达的根系，能够吸收到土壤深层的养分和水分。改良土壤的团粒结构，使后茬作物提高产量。种过苜蓿3年的土壤，根系约9t/hm^{2}左右，其中约78.3%的根系分布于0~30cm的耕作层中。使耕作层的有机质提高0.1%~0.3%[63,68]。赵鲁等[69]通过水田种植苜蓿试验发现，和用纯化学氮处理相比，苜蓿结合化肥区水稻产量增产8.6%，1个月后的土壤有机质、全氮、有效磷、速效钾含量分别提高42.8%、30.5%、24.3%和10.0%，显著改善了土壤的理化性状，但随着时间延长以及水稻的成熟（3~4 个月），差距逐渐变小。这与王岩和刘国顺[70]研究结果相一致，他们认为苜蓿在翻压后 13 周（3 个月）后，苜蓿中有机 C 的矿化率达 81%，N 素矿化率为 54%。在松嫩平原西部盐碱地，魏晓斌等人[68]通过调查不同种植年限苜蓿对土层盐分及土壤理化性状进行了测定分析，结果表明：和未种植苜蓿区相比，5 年龄苜蓿地 0~5cm、5~15cm 和 15~30cm 土层水溶性盐分别降低了 45.4%、61.6%和 61.1%；2 年龄苜蓿地 0~5cm、5~15cm 和 15~30cm 土层有机质含量分别增加了 33.7%、34.9%和 91.6%，2~5 年龄苜蓿地各土层的有机质含量都超过了 2%；各土层 pH 下降幅度为 3.3%~15.3%，2 年、4 年、5 年龄苜蓿地 pH 值均降到 8 以下，其中 5 年龄苜蓿地 0~5cm 和 5~15cm 土层 pH 降到最低，为 7.27 和 7.56，比空白地分别降低了 1.03 和 1.37；各土层全氮含量增加明显，最低增幅为 16.9%，最高增幅可达 26.5%；5 年龄苜蓿地各土层水解性氮含量均达到最大，与未种植苜蓿地相比，分别增加了 73.0%、56.4%和 62.7%；1 年龄苜蓿地的 0~5cm 和 5~15cm 土层有效磷的含量迅速升高，增幅分别达 82.4%和 28.9%，4 年龄苜蓿地各土层的有效磷含量最高；与空白地相比，各处理的 15~30cm 土层全钾含量都有所增加，但各处理间增降差异较小。在渭北旱塬区，张宝泉[71]等人研究了生长年限 6 年、11 年、16 年和 21 年苜蓿地土壤质量状况，结果发现，和天然草地相比，种植紫花苜蓿能够显著改善土壤有机质、全氮、全磷及土壤微生物量 C 和 N（$P<0.05$），且随种植年限的延长均呈先升后降的趋势，最高点出现在第 11 年。其中耕层（0~20cm）土壤有机质含量在 8.52~11.67g/kg，种植 6 年、11 年和 16 年显著高于天然草地；耕层全氮含量在 0.27~0.42g/kg，除 6 年外，其余均显著比天然草地高；同样地，耕层土壤微生物碳和微生物氮含量，除 6 年微生物碳外，其他均显著高于天然草地，其中在 11 年时含量最高，土壤微生物碳和微生物氮含量分别达 104.44mg/kg 和 100.40mg/kg。此外，还有研究显示紫花苜蓿对污染土壤的植物修复作用成本低、对环境影响小，在治理重金属污染的土壤中正逐渐替代传统治理方法[63]。因此，种植紫花苜蓿在肥田改土方面具有重大意义。

四、苜蓿的食品功能

苜蓿的嫩茎叶可煮、炒、拌，也可做成馅，包饺子、蒸包子。色泽鲜美、味道清香，深受群众喜爱。另外，将青嫩苜蓿速冻，做成细粉，是理想的中老年保健、减肥食品，目前市场上已有销售。苜蓿芽菜也是一种时令蔬菜，可以做汤、凉拌。芽菜含有较高的纤维、矿物质元素和丰富的维生素，是目前高级餐馆的上等蔬菜，包装上市后十分畅销，美国市场上早已普遍利用[63,72]。目前，苜蓿叶蛋白已经成为了食品加工业中最主要的食品添加剂，每10g的苜蓿叶蛋白就可以释放39.8卡热量、60g蛋白质、800mg钙、50mg铁、1.4μg β胡萝卜素。苜蓿叶片中含有两种营养强氧化剂—蛋白质和纤维，将叶蛋白食品添加剂加入到面包、面条等面食中，可以提高面食中蛋白质和纤维含量水平[73]。苜蓿还可以做成汁液饮料、食品点心等，在欧美等国市场上就有苜蓿饮料和苜蓿饼出售，是幼儿和中老年人非常喜食的绿色食品。贾生平和费大丽[74]还专门对苜蓿的开发利用进行了研究，详细介绍了苜蓿罐头、苜蓿软罐头、苜蓿保健茶和苜蓿汁饮料等的工艺流程和加工技术，促进了苜蓿食用产品的快速发展。潘巨忠等人[75]也对苜蓿产品初加工、深加工及各有效养分的分离技术作了具体叙述。可以预见，随着苜蓿产业化的发展，更多的苜蓿食品将会被开发利用，这个领域必将会有更大的发展前景。

五、苜蓿的药用与保健价值

中药大辞典上介绍紫花苜蓿的干燥全草，味苦、微涩，性平，有清热利尿、凉血通淋的功效，民间用于治疗膀胱结石、砂淋、石淋、痔疮出血、浮肿等症。紫花苜蓿中主要化学成分为黄酮、三萜、生物碱、香豆素、蛋白质和多糖，具有抗菌、抗氧化、免疫调节、降低胆固醇等多方面的生物活性[63]。苜蓿中的多糖成分，在一定剂量范围内具有增强免疫功能和抗感染的功效，还可治疗高胆固醇，及强化血管和预防动脉硬化、血栓症、降血糖、抗辐射和心肌梗塞等[76]。苜蓿黄酮（flavonoids）在一定剂量范围对人体具有抗肿瘤、延缓衰老、增强心血管功能的作用；还有治疗慢性前列腺炎、增强免疫力、调解内分泌系统、护肝、抗过敏，抑菌、抗病毒等功能[63]。另外，苜蓿菜对关节炎、黄疸也有治疗作用[75]。因此对于实现苜蓿资源的多层次开发，特别要结合中医本草中其药用记载发掘其药用价值，具有重要的意义。

近年来，经现代科学研究证实，苜蓿富含各种氨基酸、维生素、微量元素等营养成分，且各营养成分含量均衡，加之苜蓿本身又是良好的天然植物资源，所以开发苜蓿在营养保健食品方面的新功能逐渐成为研究热点：从苜蓿叶汁中提出的蛋白浓缩物——苜蓿叶蛋白含有18种氨基酸，其中包括8种人体必需氨基酸，比例均衡、不含动物胆固醇，是人们补充蛋白的绝佳选择，安利的蛋白粉中就添加了紫花苜蓿的植物浓缩素；苜蓿花序部分蛋白含量高，若制成苜蓿花粉可添加到面粉中，生产面条、馒头、饼干、方便面等，从而增加食物的营养价值；以初花期的新鲜优质苜蓿为原料经加工制成高蛋白、膳食纤维含量高的保健饮不仅能为人体补充营养，更具有减肥，美容，预防高血压、高血脂、动脉硬化、糖尿病，结肠癌等功效，其味道酸甜可口，更易为大众所接受[1]，苜蓿功能潜力的进一步开发利用更推动了苜蓿产业的蓬勃发展。

参考文献

[1] 苗阳，郑钢，卢欣石．论中国古代苜蓿的栽培与利用 [J]．中国农学通报，2010，26（17）：403-407.

[2] 何新天．中国草业统计．北京：全国畜牧总站，2011.

[3] 杨青川，康俊梅，张铁军，等．苜蓿种质资源的分布、育种和利用 [J]．科学通报，2016，61（2）：261-270.

[4] Kehr，Williamr. AIfatfa science and technology [M]. Madison，W isconsin，USA；American Society of Agronomy，1972. P：1-34.

[5] 李平，孙杰，邢建军．论苜蓿的起源与传播 [J]．内蒙古草业，2012，24（1）：5-8.

[6] Muller M. H.，Poncet，C.，Prosperi J. M.，et al. Domestication history in the Medicago sativa speci es complexs：inferences from nuclear sequence polymorphism [J]. Molecular Ecology，2005，15：1589-1602.

[7] 周敏．中国苜蓿栽培史初探 [J]．草原与草坪，2004，104（1）：44-46.

[8] 黄亮亮．我国苜蓿的种质资源现状及引种建议 [J]．甘肃农业科技，2013，4：45-46.

[9] 杨青川．苜蓿种植区划及品种指南 [M]．北京：中国农业大学出版社，2011.

[10] 王健胜，王婕，梁亚红，等．不同苜蓿品种农艺性状的分析与评价 [J]．江苏农业科学，2015，43（7）：241-243.

[11] 高润，柳茜，闫亚飞，等．河套灌区 23 个紫花苜蓿品种适应性 [J]．草业科学，2017，34（6）：1286-1298.

[12] 徐丽君，徐大伟，逄焕成，等．中国苜蓿属植物适宜性区划 [J]．草业科学，2017，34（11）：2347-2358.

[13] 陈新芳，王建英．林草间作的优良草种-紫花苜蓿栽培技术 [J]．甘肃农业，2008. 2：31-31.

[14] 段正山，袁福锦，徐英，等．楚雄南苜蓿生物学特性及生产性能测定 [J]．养殖与饲料，2012，5：29-30.

[15] 孙万斌，马晖玲，侯向阳，等. 20 个紫花苜蓿品种在甘肃两个地区的生产性能及营养价值评价 [J]．草业学报，2017，26（3）：161-174.

[16] 刘彦，宋梅，赵新玲．适宜北疆种植的苜蓿品种的性状及田间表现 [J]．草食家畜，2007，135（2）：48-51.

[17] 吴欣明，郭璞，池惠武，等．国外紫花苜蓿种质资源表型性状与品质多样性分析 [J]．植物遗传资源学报，2018，19（1）：103-111.

[18] 闫兴禄，薛丽红，曹文琴，等．紫花苜蓿的栽培技术及病虫害防治要点 [J]．畜牧与饲料科学，2012，33（7）：71-72.

[19] 蔺永平．紫花苜蓿生物学特性及栽培技术［J］．现代农业科技，2016（9）：278-279.
[20] 王鑫，马永祥，李娟．紫花苜蓿营养成分及主要生物学特性［J］．草业科学，2003，20（10）：39-41.
[21] 韩冬．苜蓿的生物学特性及栽培技术［J］．养殖技术顾问，2014，7：95.
[22] 郭孝，李建平，石志芳，等．紫花苜蓿的种植管理与调制技术［J］．郑州牧业工程高等专科学校学报，2013，33（2）：13-14，25.
[23] 谢玉保．苜蓿的播种、田间管理及利用方式［J］．养殖技术顾问，2013，1：208.
[24] 刘建成．巴彦淖尔地区紫花苜蓿种植技术［J］．农民致富之友，2017，10：170.
[25] 李福荣，金录学，马再义，等．紫花苜蓿在干旱山区的种植技术［J］．中国牛业科学，2011，37（1）：87-89.
[26] 张凡凡，于磊，鲁为华，等．高效利用磷肥提高我国苜蓿生产力的研究进展［J］．草食家畜，2013，162（5）：6-11.
[27] 越玉华，郭素红．紫花苜蓿的生物学特性及栽培管理措施［J］．畜牧与饲料科学，2013，34（11）：41-42.
[28] 师尚礼，祁娟．苜蓿间作系统的生理生态效应研究进展［J］．草原与草坪，2010，30（6）：89-93.
[29] 刘贵河，郭郁频，易爱民，等．我国苜蓿主要间作技术及效益研究进展［J］．黑龙江畜牧兽医（科技版），2013，6：38-41.
[30] 成婧，吴发启，路培，等．玉米苜蓿间作的蓄水保土效益试验研究［J］．水土保持研究，2012，19（3）：54-57.
[31] 张桂国，杨在宾，董树亭．苜蓿+玉米间作系统饲料生产潜力的评定［J］．中国农业科学，2011，44（16）：3436-3445.
[32] 王健，尹武君，刘旦旦．玉米苜蓿间作对黄土坡地耕地降雨产流产沙的影响［J］．节水灌溉，2011（8）：43-46.
[33] 齐养周，云峰，尹武君，等．玉米-苜蓿间作对黄土坡地耕地养分流失的影响［J］．节水灌溉，2012（2）：23-27.
[34] 云峰，王健，吴发启，等．坡耕地玉米苜蓿间作水分分布与运移［J］．干旱地区农业研究，2011，29（1）：53-57.
[35] 刘忠宽，曹卫东，秦文利，等．玉米-紫花苜蓿间作模式与效应研究［J］．草业学报，2009，18（6）：158-163.
[36] 刘景辉，曾昭海，焦立新，等．不同青贮玉米品种与紫花苜蓿的间作效应［J］．作物学报，2006，32（1）：125-130.
[37] 王学春，王红妮，李巍，等．川西北丘陵坡耕地苜蓿玉米间作田土壤水分与作物产量规律研究［J］．湖南师范大学自然科学学报，2016，39（6）：9-14.
[38] 成婧，吴发启，云峰，等．北旱塬坡耕地玉米—苜蓿间作对土壤养分和产量的影响［J］．水

土保持通报，2013，33（4）：228-232.

[39] 马克争，小麦-苜蓿间作对麦长管蚜及其主要天敌的种群动态的影响［D］. 杨凌：西北农林科技大学，2004.

[40] 杜欣，张越利，杨云贵. 燕麦与苜蓿混间条播模式对产量和品质的影响［J］. 河南农业科学，2011，40（9）：146-149.

[41] 张婷婷，李立军，阿磊，等. 牧草间作模式对盐碱化农田和黑土地土壤酶活性的影响［J］. 中国农学通报，2016，32（24）：153-161.

[42] 路海东. 坡地粮草带状间作模式的水土保持效果与作物的生理生态效应［D］. 杨凌：西北农林科技大学，2004.

[43] 陈明，周昭旭，罗进仓. 间作苜蓿棉田节肢动物群落生态位及时间格局［J］. 草业学报，2008，17（4）：132-140.

[44] 王立，黄高宝，王生鑫，等. 粮草豆隔带种植保护性耕作水土流失规律［J］. 水土保持学报，2012，26（4）：54-57.

[45] 李新博，谢建治，李博文，等. 印度芥菜-苜蓿间作对镉胁迫的生态响应［J］. 应用生态学报，2009，20（7）：1711-1715.

[46] 王致萍，周文涛，周晓霞. 黄土丘陵沟壑区林草间作种植效益评估［J］. 草原与草坪，2009，137（6）：62-65.

[47] 李丹，潘旭东，蒙元永，等. 滴灌条件下林草间作系统土壤的盐分分布［J］. 江苏农业科学，2017，45（8）：279-281.

[48] 陈澍，荆文涛，祖艳群，等. 林草复合系统削减滇池流域农业面源污染研究［J］. 中国水土保持，2015，4：46-49.

[49] 刘军和. 美国杏李园间种紫花苜蓿和间作红豆草对天敌影响评价［J］. 河南师范大学学报：自然科学版，2009，37（5）：119-121，173.

[50] 苏培玺，解婷婷，丁松爽. 荒漠绿洲区临泽小枣及枣农复合系统需水规律研究［J］. 中国生态农业学报，2010，18（2）：334-341.

[51] 曹彦清，赵爱玲，李登科，等. 间作苜蓿草枣园地表优势昆虫种类及优势度动态分析［J］. 山西农业科学. 2010，38（11）：61-64.

[52] 沈洁，董召荣，朱玉国，等. 茶树-苜蓿间作条件下主要生态因子特征研究［J］. 安徽农业大学学报，2005，32（4）：493-497.

[53] 张萌萌，敖红，李鑫，等. 桑树/苜蓿间作对根际土壤酶活性和微生物群落多样性的影响［J］. 草地学报，2015，23（2）：302-309.

[54] 胡举伟，朱文旭，张会慧，等. 桑树/苜蓿间作对其生长及土地和光资源利用能力的影响［J］. 草地学报，2013，21（3）：494-500.

[55] 葛亚龙，余凡，杨恒拓，等. 苜蓿挥发油的提取及其抗氧化活性的研究［J］. 江苏调味副食品，2013，133（2）：19-20.

[56] 孙仕仙，毕玉芬，毛华明，等．云南引进种植的紫花苜蓿营养成分分析［J］．草原与草坪，2012，32（2）：40-44.

[57] 徐丽君，杨桂霞，陈宝瑞，等．不同苜蓿（品）种营养价值的比较［J］．草业科学，2013，30（4）：566-570.

[58] 陈红莉，孙国君，李海英，等．苜蓿生物活性多糖提取工艺的研究［J］．石河子大学学报（自然科学版），2005，23（4）：135-137.

[59] 薄亚光，贾志宽，韩清芳．多叶型与三叶型紫花苜蓿地上部总黄酮含量的比较［J］．西北农业学报，2008，17（4）：129-132.

[60] 高微微．苜蓿生物活性及影响其黄酮和皂甙成分因素的研究［D］．北京：中国协和医科大学，2004.

[61] 陈寒青，金征宇，陶冠军，等．红车轴草不同部位中异黄酮含量的测定［J］．食品科学，2004，25（6）：150-153.

[62] 陈燕绘，周岩，陈亚东，等．苜蓿皂苷研究进展［J］．河南农业科学，2015，44（7）：11-16.

[63] 朱见明，李娜，张亚军，等．苜蓿黄酮的研究进展［J］．草业科学，2009，26（9）：156-162.

[64] 陈东颖．紫花苜蓿的综合利用［J］．江西饲料，2011，1：26-29.

[65] 赵春生．紫花苜蓿在畜禽养殖中的合理利用［J］．草业与畜牧，2009，2：54，6.

[66] 曾亚男．仔猪日粮中添加紫花苜蓿草粉的增重试验［J］．山东畜牧兽医，2008，29：8.

[67] 左新，高景舜，王增华，等．紫花苜蓿饲喂奶牛效果观察试验报告［J］．云南畜牧兽医，2007，2：27-29.

[68] 魏晓斌，王志锋，于洪柱，等．不同生长年限苜蓿对盐碱地土壤肥力的影响［J］．草业科学，2013，30（10）：1502-1507.

[69] 赵鲁，史冬燕，高小叶，等．紫花苜蓿绿肥对水稻产量和土壤肥力的影响［J］．草业科学，2012，29（7）：1142-1147.

[70] 王岩，刘国顺．绿肥中养分释放规律及对烟叶品质的影响［J］．土壤学报，2006，43（2）：273-278.

[71] 张宝泉，李红红，马虎，等．渭北旱塬区不同年限苜蓿对土壤主要养分及微生物量的影响［J］．草地学报，2015，23（6）：1190-1196.

[72] 马俊能．紫花苜蓿的综合利用［J］．山东畜牧兽医，2014，206（3）：16-17.

[73] 潘霞，高永，刘博，等．苜蓿产业发展现状及前景展望［J］．绿色科技，2017，13：104-107.

[74] 贾生平，费大丽．苜蓿的加工与利用［J］．加工技术，2005，6：36-37.

[75] 潘巨忠，张波，朱亚克，等．苜蓿食用价值研究进展［J］．现代农业科技，2006，6：105-107.

[76] 王彦华，王成章，史莹华，等．苜蓿多糖的研究进展［J］．草业科学，2007，24（4）：50-53.

第五章　苕子

苕子是豆科（Laguminosae）野豌豆属（Vicia）一年生或越年生蔓生草本，一种重要的绿肥和饲草作物[1]。主要分布在东西两半球的温带地区，全世界约有 200 多种，中国有近 30 种，多为野生，从平原到海拔2 000m 的地区均有分布。

在中国主要种类有毛叶苕子、光叶苕子及蓝花苕子 3 种[2]。

毛叶苕子（Vicia villosa Roth）。又名长柔毛野豌豆。原产欧洲，苏联、匈牙利等栽培较多。20 世纪 40 年代中国先从美国引入，50 年代初期，又从苏联和东欧国家引进一些品种。主要在江苏、河南、山东、安徽、湖北、四川、云南、贵州以及西北各省种植。

光叶苕子（Vicia villosa var.）。与毛叶苕子属同种，是具半冬性的稀毛生态型。茎被疏毛。花紫红色。比毛叶苕子成熟早，抗寒性较差，在黄河以北越冬困难，多在长江流域以南种植。

蓝花苕子（Vicia cracca L.）。又名广布野豌豆。原产中国西南地区，主要分布在云南、贵州、四川、广西、湖南、湖北、江西等地，以及长江以南其他地区。速生早发，茎中空，蔓生，叶色较淡，无毛。生育期约 230~245 天。花蓝紫色，荚果光滑。种子灰黑色，千粒重 15~20g。耐旱、耐瘠薄，但不耐寒，通常在 0℃左右即易遭冻害。以土壤 pH 6.0~6.5 时生长最好。

各种苕子的养分含量相似，鲜草一般含水分 80%左右，氮 0.45%~0.65%，磷酸 0.08%~0.13%，氧化钾 0.25%~0.43%。盛花期制成的干草，约含粗蛋白 21%，粗脂肪 4%，粗纤维 26%，无氮浸出物 31%，灰分 10%，饲料价值较高。

第一节　毛叶苕子

一、毛叶苕子形态特征

毛叶苕子，别名毛苕、长柔毛野豌豆、冬苕子，属豆科（Leguminosae）巢菜属，为一年生或多年生草本植物。毛叶苕子全株密被银灰色长茸毛，而光叶苕子深绿色，茸毛稀少。根系发达，主根深达0.5~1.2m，侧根多，侧根支根细而密，以5~30cm土层内居多。根上着生根瘤，根瘤圆形，或有分叉，或呈鸡冠状。主茎不明显，细长，柔软，蔓生，长1.5~2m，主茎基部抽出一次分枝5~15个。茎四棱形，中空，有茸毛。偶数羽状复叶，小叶5~10对，小叶长卵形或披针形，顶端有卷须，可攀缘[3]。偶数羽状复叶，互生，小叶长圆形或披针形。叶轴粗壮，有棱，卷须分枝。无限型总状花序，腋生，花生于花序轴的一侧。花冠蝶形，紫色或淡红色。荚果长圆形，淡黄色，光滑，含种子1~8粒。种子圆球形，黑色或黑麻色，千粒重20~30g。

二、毛叶苕子生物学特性

毛叶苕子耐寒能力强。能耐-20℃以下的低温，4℃左右即可出苗，20℃左右生长最快，在30℃以上的高温下，生长受阻。喜中性砂壤土。在陕西杨凌10月下旬播种，幼苗株高6cm，在-18℃下未受冻；在兰州，经受-23℃低温仍安全越冬。陕北在-25℃的阴坡播种不能越冬，在阳坡播种死亡率也达50%。毛叶苕子耐旱性强于紫云英，年降水量不少于450mm时可以栽培。对土壤要求不严，最喜砂壤土，不宜在潮湿或低洼地种植。适宜pH为5.5~8.0，红壤及含盐0.25%的盐碱地上可正常生长。

毛叶苕子栽培以秋播为主，华北、西北寒冷地区也可春播。秋播者，从出苗到成熟，生育期需250~260天。毛苕子发芽温度为20℃，播后6天出苗，长出复叶4~5片时分枝。秋播时，经越冬后2~3天返青，15℃左右现蕾，在4月中旬至5月下旬开花，6月中下旬成熟，因地区不同而不同[3]。

毛叶苕子在山西晋北4月上旬播种，5月下旬分枝，6月下旬现蕾，7月上旬开花，下旬结实，8月上旬荚果成熟，生育期240天左右。在秋播地区，一般9月份播种，幼苗正常越冬，开春后进入旺盛生长期，5月中旬开花，6、7月份种子成熟[4]。

三、毛叶苕子栽培技术要点

1. 播前准备

播前整地，耕深20cm左右，并耙耱平整。结合整地，施腐熟有机肥30~45t/hm^{2}或过磷酸钙300~400kg/hm^{2}做基肥，翻后及时耙地和镇压。稻田秋播宜先浅耕灭茬，打碎土块，耙平地面，开沟条播。也可对地面进行除杂后免耕，直接穴播。也可稻底播种，即在水稻收割前直接撒播。张祥明[5]研究表明：免耕和翻耕对不同时期苕子养分含量差异较小，但各期对氮、磷、钾的累积吸收量有一定的差异，开花结荚期翻耕处理比免耕处理分别提高 10.17%~11.90%、10.84%~16.60%和 3.99%~14.05%。翻耕处理的土壤有机质、全氮、碱解氮、速效磷和速效钾含量均高于免耕处理，且存在一定的年际间差异，但不同年份不同处理差异都较小，建议在砂姜黑土利用冬闲田免耕栽培苕子是适合大力推广的模式。与棉田、玉米及高粱间、套种，宜在大春作物成熟前 15~30 天，对土壤进行中耕除杂，开行条播。在播种前要开好排水沟，开沟挖出的泥土，应分堆堆放或散布在田间，不要摆成田埂，阻碍排水。及时清沟，保证排灌方便。

春季至秋季可播种苕子，如做饲料，可通过调节播期，在不同时期提供绿色饲料；如做绿肥，江淮地区于 8 月中下旬至 9 月中下旬单播或套种在水稻田或棉花地内，次年翻压做底肥。北方甘肃、陕西、青海等地则可春播或与冬麦，中耕作物及春播各类作物进行间作、套作和复种，于冬前刈割做青饲料，下茬种冬麦或春麦，也可于次年春季压作棉花、玉米等作物的底肥。

2. 播种技术

春、秋两季均可播种。华北、西北地区，春播以 3 月中旬至 5 月初为宜。北京地区，秋播应在 9 月上旬以前。陕西中部、山西南部可秋播。种子硬实率高，播种前宜擦破种皮或用温水浸泡 24 小时后。收草地播种量为 45~60kg/hm^2，条播行距 20~30cm。种子田播种量 22.5~30kg/hm^2，条播行距 40~50cm。播种深度一般 2~4cm。播后镇压。可单播，也可与大麦、燕麦、黑麦、黑麦草混播。与麦类混播以 1：1 为宜，即苕子 30kg/hm^2，燕麦种子 30~60kg/hm^2。与多花黑麦草以 2：1 为佳，即苕子 30~45kg/hm^2，多花黑麦草种子 15kg/hm^2。夏光利等[6] 试验结果：推迟播期对毛苕子绿肥的养分含量和积累量会产生一定影响。随着播期的变化，毛苕子的在 427.6~488.0g/kg，C 积累量最大值分别在 9 月 25 日和 9 月 10 日播期处理。毛苕子的各养分含量在不同播期处理间无显著差异。两种绿肥的 P 积累量在不同播期间无显著差异，毛苕子的 N、K 的积累量均以 9 月 10 日播种处理最高，且显著高于 8 月 25 日和 10 月 10 日播种处理。

毛叶苕子对厩肥和矿质肥料反应敏感，特别是施磷、钾肥增产显著。毛叶苕子施 P_2O_5 16~32kg/hm^2，鲜草增产 50%~100%。接根瘤菌种可早生根瘤，早获氮素供应，增加鲜草产量。

3. 田间管理

毛苕子田间管理措施主要是：春、秋干旱应及时灌水；返青后可追施磷肥 1~2 次；多雨地区要挖沟排水，以免茎叶腐烂、落花落荚。灌区要重视分枝盛期和结荚期灌水，灌水量根据土壤含水量确定，每次灌水量为 300~450m^3/hm^2。南方多雨季节，要进行挖沟排水。刈割后要等到侧芽长出后再灌水，以防根茬水淹死亡。对磷钾肥敏感，在生长期间可追施草木灰 500~600kg/hm^2。

四、毛叶苕子病虫害防治技术

毛叶苕子常发生的病害主要是白粉病、锈病、炭疽病、霜霉病等，主要害虫有蚜虫、蓟马、叶蝉等[7]。

白粉病。日照充足多风，土壤和空气湿度中等，海拔较高等环境有利于此病发生。草层稠密，遮阴，刈割利用不及时，草地年代较长或卫生措施缺乏，都会使此病发生严重。过量施氮肥和磷肥使病情加重，而磷、钾肥合理配合施用有助于提高抗病性。病株叶片的两面、茎、叶柄、荚果等部位都可出现白色霉状斑。初期病斑小而呈圆形，后扩大并互相汇合，以致覆盖叶片大部至整片小叶。

发病普遍的地块，应当及时刈割利用，重病草地不宜收种。药剂防治：①4%四氟醚唑1 000倍；②12.5%粉唑醇 50ml/亩；③70%甲基托布津1 000倍液；④30%吡唑醚菌酯 10~15ml/亩；⑤25%粉锈宁可湿性粉剂2 000~3 000倍液。喷药液量 30~45kg/亩。

锈病。锈菌侵染植株后，在叶片两面、茎和荚等部位出现红褐色、肉桂色的粉末状夏孢子堆，后期出现黑褐色粉末状的冬孢子堆。可用代森锰锌、粉锈灵等多种杀菌剂。

炭疽病。冬季较暖、夏季湿热时，此病发生严重：植株地上部分均可受害，叶部病斑面形、长圆形或角斑状，中部灰白色，边缘红褐色至深褐色，直径 1~2mm。茎及叶柄上的病斑线形，初为浅绿色，后转深褐色至黑色，多汇合成大斑，使茎及叶柄枯死。用 20%粉锈宁可湿性粉剂1 000~2 000倍液 30~45kg/亩喷雾。选育抗病品和轮作换茬；在健康草地收种等措施，有助于减轻发病。

霜霉病。冷凉潮湿的气候易诱发此病。叶片上开始出现褪绿病斑，无明显轮廓，随病斑大全叶变成黄绿色。潮湿时叶片背面长有淡紫色稀薄菌丝层。病叶由黄绿色逐渐褐色，之后干枯死亡，除叶片外，叶托和茎也可受侵染，尤其茎的顶端，可产生霉点，使之变色枯死。药剂防治，可用下列药剂在发病期间 7~10 天喷施一次：①波尔多液；②4%四氟醚唑 1 000倍；③12.5%粉唑醇 50ml/亩；④30%吡唑醚菌酯 10~15ml/亩。

蚜虫。在田间蚜虫量不很多，而天敌又有一定数量时，不要盲目施药，以免杀伤天敌，反而招致蚜害。蚜虫的天敌种类很多，主要有瓢虫、草蛉、食蚜虻、花蝽和蚜茧蜂、蚜霉菌等。当田间的天敌总量与蚜虫总量之比在1：（80~100）以内时，田间可以不必施药，完全可以发挥天敌的灭蚜作用。不宜用高毒农药防治，每亩可用吡虫灵、呋虫胺等农药按说明施药防治。

蓟马。主要为害幼嫩组织（叶片、芽和花等部位），被害叶片卷曲，以至枯死，花期害最重。蓟马类为害盛期一般在6—7月。发生初期选用吡虫灵、呋虫胺或25%噻虫嗪等药剂防治。

叶蝉。叶蝉以成虫、若虫群集植物叶背而和嫩茎上，刺吸其汁液，使植物发育不良，叶受害后多褪色呈畸形卷缩，甚至全叶枯死。叶蝉类为害盛期一般在6—8月。在幼虫盛发期喷撒下列药剂，可有效杀虫：10%吡虫啉可湿性粉剂2 500倍、20%扑虱灵乳油、20%烯啶虫胺，2. 5%的溴氰菊酯可湿性粉剂2 000倍等。

第二节　光叶苕子

光叶苕子别称光叶紫花苕子、稀毛苕子，是一年生或越年生豆科草本植物，一般用于稻田复种或麦田套种，也常间种在中耕作物行间和林果种植园中，光叶苕子适合我国南方和中部地区种植。

一、形态特征

光叶苕子有2~5个分枝节，一次分枝5~20个，2~3次分枝常超过30个多至百余个，匍匐蔓生，长1. 5~3m，枝四棱形中空，疏被短柔毛。双数羽状复叶，有卷须，具小叶8~20，短圆形或披针形，长1~3cm，宽0. 4~0. 8cm，两面毛较少，托叶戟形。总状花序，花序梗长8~16cm，有花15~40朵，花冠蝶形，红紫色。荚果矩圆形，光滑，淡黄色，含种子2~6粒，种子球形。

二、生长特性

光叶苕子以秋播为主，苕子的一生分出苗、分枝、现蕾、开花、结荚、成熟等几个阶段。种子发芽适温为20~25℃，气温低至3~5℃时地上部则停止生长，20℃左右生长最快，也最有利于开花结荚，阴雨会影响开花授粉。适应性广，自平原至海拔2 000m的山区均可种植，在红壤坡地以至黄淮间的碱砂土均生长良好。在山东南部能安全越冬。耐旱性强，但不及毛叶苕子，现蕾期之前也较能耐湿，故在江淮间产量往往超过毛叶苕子。耐瘠性及抑制杂草的能力均强，可以在 pH4. 5~5. 5，质地为砂土至重黏土，含盐量低于 0. 2%以下的各种土壤上种植。

光叶苕子在江淮之间秋播的，全生育期为 250~260 天，早熟品种为 235~245 天。在南京，播种后 5~6 天出苗，再经 10~15 天分枝，分枝盛期在 2 月，3 月上旬伸长，初花期前后伸长最快，花期早晚受春季温度所影响，一般初花在 5 月上旬，盛花在中旬，种子成熟在 6 月 10 日至 16 日左右。在长江流域秋播生育期为 240~260 天。再生力较强，秋季播种，冬前可刈割利用一次，开春后还可再刈割 1~2 次。适应性广，从平原至海拔2 000m 的山区均可种植。在四川凉山 9 月初播种，9 月下旬开始分枝，翌年 3 月初现蕾，3 月中旬开花，3 月下旬 4 月初结荚，4 月底种子成熟，生育天数 240 天左右[4]。

三、光叶苕子栽培技术

1. 土地准备

播前整地，耕深 20cm 左右，并耙耱平整。结合整地，施腐熟有机肥 30~45t/hm^2 或过磷酸钙 300~400kg/hm^2 做基肥，翻后及时耙地和镇压。稻田秋播宜先浅耕灭茬，打碎土块，耙平地面，开沟条播。也可对地面进行除杂后免耕，直接穴播。也可稻底播种，即在水稻收割前直接撒播。与棉田、玉米及高粱间、套种，宜在大春作物成熟前 15~30 天，对土壤进行中耕除杂，开行条播。在播种前要开好排水沟，开沟挖出的泥土，应分堆堆放或散布在田间，不要摆成田埂，阻碍排水。及时清沟，保证排灌方便。

2. 播种技术

春、秋两季均可播种。华北、西北地区，春播以 3 月中旬至 5 月初为宜。北京地区，秋播应在 9 月上旬以前。陕西中部、山西南部可秋播。种子硬实率高，播种前宜擦破种皮或用温水浸泡 24 小时后。收草地播种量为 45~60kg/hm^2，条播行距 20~30cm。种子田播种量22. 5~30kg/hm^2，条播行距 40~50cm。播种深度一般 2~4cm。播后镇压。可单播，也可与大麦、燕麦、黑麦、黑麦草混播。与麦类混播以 1∶1 为宜，即苕子 30kg/hm^2，燕麦种子 30~60kg/hm^2。与多花黑麦草以 2∶1 为佳，即苕子 30~45kg/hm^2，多花黑麦草种子 15kg/hm^2。

3. 水肥管理

灌区要重视分枝盛期和结荚期灌水，灌水量根据土壤含水量确定，每次灌水量为 300~450m^3/hm^2。南方多雨季节，要进行挖沟排水。刈割后要等到侧芽长出后再灌水，以防根茬水淹死亡。对磷钾肥敏感，在生长期间可追施草木灰 500~600kg/hm^2。

四、光叶苕子病虫害防治技术

光叶苕子主要病虫害有白粉病、霜霉病、蚜虫、地老虎。白粉病多发生于空气湿度大、通风透光差的地块，霜霉病多由蚜虫诱发、传播，蚜虫一般在冬春干旱时期易发，地老虎在生长后期易发，要加强监测与防治[8]。物理防治采用杀虫灯诱杀害虫，也可采用黄板（柱）诱杀害虫。

白粉病。光叶苕子旺长初期及早喷洒 1∶200 波尔多液，或 77%可杀得可湿性微粒粉剂 500 倍液 50kg/亩，7~10 天喷一次，共喷 2~3 次，可预防白粉病。白粉病发生期、用 20%粉锈宁乳油2 000倍液或 15%粉锈宁可湿性粉剂1 000~1 500倍液 50~75kg/亩喷雾。

霜霉病。预防霜霉病，应注意适当稀植；收获后彻底清除病残落叶，并带至棚外、室外焚烧销毁。药剂防治可选用：4%四氟醚唑、30%吡唑醚菌酯等。

蚜虫。防治方法同毛叶苕子。

地老虎。①清除田间杂草，减少过渡寄主，翻耕晒垡，消灭虫卵及低龄幼虫；②收割蔬菜等作物或翻耕时，人工捕杀幼虫；③药剂防治可选用：联苯菊酯、辛硫磷、氯虫·噻虫嗪等。

粘虫。①粘虫发生区要坚持“治早、治小、治了”原则，抓住幼虫三龄暴食危害前关键时期，集中连片应急防治，控制暴发、遏制危害。化学防治药剂使用菊酯类如 25g/L 溴氰菊酯或 5%高效氯氟氰菊酯兑水喷雾防治。②施药时间应在晴天上午 9 点以前或下午 5 点以后，若遇雨天及时补喷，要求喷雾均匀周到、田间池埂杂草都要喷到，如遇粘虫密度较大时，要适当加大药量。③确保用药安全。加强农药质量和价格监管，确保农民用上质量好、价格廉的农药和药械。目前时逢高温季节，大力宣传和指导农民安全使用农药，确保环境、生产、人、畜安全。苗期生长势较弱，杂草易侵入，应及时中耕除草。待封垄后，苕子的生长加快，不必除杂。

第三节　苕子综合利用

一、用作肥料

1. 压青作肥

翻压方式有干耕和水耕 2 种。①在机械化程度高的地方，采用干耕法，耕深 15~20cm，后晒田 2~3 天，再灌水耙田。此方式翻压土温较高，好氧性微生物活动剧烈，腐解较快。②水耕法，在翻压前灌入一层浅水，保证翻压后田面有 1~2cm 的水层。此方式翻压土温较低，腐解较慢，肥效稳长。在翻压时，可施用石灰 300~450kg/hm^2，以消除苕子腐解过程中产生的还原性物质。根据白金顺，曹卫东等[9]大田试验研究结果：毛叶苕子（Vicia villosa Roth）、光叶苕子（Vicia villosa var.）、紫云英（4stragalus sinicus L.）和肥田萝卜（R aphann s sativus L.）4 种绿肥作物在绿肥作物翻压期，均达到较高生物量和养分累积量，鲜重、干重分别为 24. 8~30. 7t/hm^{2}和 3. 6~4. 2t/hm^2，不同绿肥作物间无显著差异。4 种绿肥作物的吸氮量 69. 8~136. 4kg/hm^2。毛叶苕子最高，肥田萝卜最低。吸钾量为 117. 6~151. 3kg/hm^2，毛叶苕子最高，光叶苕子最低。毛叶苕子和光叶苕子处理铵态氮含量增加显著，均适合苏南冬闲稻田种植，能潜在降低无机氮的损失风险和为后季水稻作物生长提供养分。

也可采取在毛叶苕子开花初期至盛期，人工割草，集中后，埋于树盘下作肥，也可按量分配给各株果树树盘，树盘覆草厚度不应少于 20cm。干旱无灌溉条件的果园，在覆草层的上面，撒上厚约 5cm 的碎土。稻田苕子生长较好的，初花期可刈割一次作异地压青，亩用 1 000~1 500kg；生长差的可在初花期随稻田翻耕压青作下季作物底肥。旱地苕子可在初花期刈割作异地压青利用，也可直接翻压作大春作物底肥。茶果园套种苕子一般在上花下荚时割埋作肥料利用[10]。

如何来提高苕子产草量呢？根据范霞[11]在内蒙古阴山北麓进行的播种期、播种量和施肥量对毛叶苕子产草量以及籽实产量的影响田间试验研究。结果表明：影响毛叶苕子产草量的主要因素是播种量。其次是播种期。施肥量影响相对最小。5 月 10—25 日播种、播种量 45. 0~82. 5kg/hm^2，施肥量 45~135kg/hm^{2}产草量较高。

2. 覆盖利用

即在第 1 年秋播后至次年 5 月开花期，不割草作肥，让其继续生长发育直至茎叶干枯、死亡。到 8 月下旬落地种子萌发出土成苗，并越冬，进入第 3 年，如此重复 3～4 个生长周期，于最后一年夏季开花期，将当年的鲜草及往年的干草残体，全部翻入土中，重新播种，此法称为果园毛叶苕子自传种（自生自灭）少耕栽培法。为提高第 1 年播种后的鲜草和种子产量，以及鲜草中的碳氮比，有利于土壤中有机质的增加和积累，在毛叶苕子种子加 2%～3%的大麦、黑麦草或茎秆矮粗的小麦种子，进行混播，能提高地上部的产草和地下部的残根量。

二、用作饲草

1. 毛叶苕子饲料

毛叶苕子调制干草可在开花结子时刈割。毛苕子茎长而柔软，互相缠绕，现蕾开花后不断延伸，但草层高度则增加甚少，因此高度可达 40～50cm 时即可刈割利用，以免基叶萎黄腐烂，影响草质与再生力。刈割时留茬 10cm 左右，过低则影响再生能力。一般一个生长季可刈割 2～3 次，鲜草产量 25～40t/hm^2，折合干草 5～8t/hm^2。为了促进再生，应及时刈割。收获过迟，茎下部叶枯萎脱落，牧草质量降低，再生草产量下降。选择持续晴朗天气在盛花期刈割，晾晒数天即可调制干草或草粉。四川等地苕子制成苕糠，是喂猪的好饲料。盛花期干草中约含粗蛋白质 18%、粗脂肪 4%、粗纤维 26%、无氮浸出物 31%、灰分 10%。营养期可短期放牧，南方冬季在苕子和禾本科牧草混播地上放牧奶牛，能提高产奶量。但在单播苕子草地上放牧牛、羊时要防止鼓胀病的发生。

2. 光叶苕子饲料

光叶苕子栽培极易形成根瘤且茎叶富含蛋白质（3. 8%～4. 2%），在有效提高土壤肥力和疏松土壤的同时，也是猪、牛、马、羊、鹅等畜禽的优质鲜草或青干草。尤其是它具有在冬季仍能继续生长和保青绿的特点，已成为贵州威宁理想的冬春补饲青草，并在草地畜牧业生产上广泛应用[12]。光叶紫花苕子鲜草有很高的饲料价值。一般刈割苕子中上部茎叶直接作青饲料，也可晒干粉碎后作干饲料利用。一般有 3 种方法：一是分期分批刈割，直接喂养，从苗期至末花期均可割草喂养家畜。二是种植面积大，条件较好的地方，可以将鲜草收割后，进行青贮，然后喂养。三是晒干后，堆放保存或制成草粉，作为混合或配合料的主要原料使用，也可截成细短状（5~10cm），直接拌入饲料中喂养。为了提高种草效益，应在果园采取种草养畜、过腹还园、壮树增产的果草牧相结合的种植利用模式[13]。

3. 光叶苕子草粉加工技术

晒制干草。不论是单作、轮作、套作还是间作种植的光叶苕子，在初蕾期（一般在4月初），选择天气晴朗的早上刈割，留茬高度约3~5cm。将割下的光叶苕子捆把，每把0.5~1.5kg，置放于田间前茬作物高秆上或房前屋后树枝绳索、木架等上，晾晒4~5小时至叶片凋萎（此时光叶苕子水分为50%左右）。再将其置于晒场上在太阳下直接晾晒，直至叶片及细小的茎秆易用手搓碎、主茎用手较易折断为止（此时光叶苕子水分为17%左右）。但此种方法，光叶苕子生长的旺盛期一般正好与雨季相逢，又是春耕春种的农忙季节，往往绿肥茎叶不能充分干燥，易霉变，建议有条件的地区尽量采用烘烤干草技术。

草粉制作。利用粉碎机即可加工成不同粗细的光叶苕子草粉。饲养猪的草粉可打细一些（小于2mm孔径），喂牛的草粉可打粗一些（约3mm孔径）。也可用木棍将干燥的光叶苕子打碎过筛米的筛子（约2mm孔径），反复直至筛完。将加工好的干草草粉直接装入适当的袋子，用线或绳子封口，存放在干燥、阴凉通风处。袋子可以采用塑料编织袋、麻袋、布袋、纸袋等。必要时做好防鼠、防虫工作[14]。

三、用作蜜源作物

光叶紫花苕子的花期较长，是优良的蜜源作物，结合放养蜜蜂，可增加群众收入。根据尤方东报道[15]，2014年云南在经历10年干旱后，迎来较为正常的降水雨年份。云南各地种植绿肥兼饲料的光叶紫花苕，分布及种植面积恢复到10年前的水平。种植面积达70多万亩。苕子主要种植在云南曲靖、昭通、红河、丽江及昆明五地区，20多个县，其中以宣威、会泽、罗平、泸西、弥勒、宁浪及石林种植面积最大。另外在云南与四川，云南与贵州交界也有大面积栽种。2014年入场采集苕子蜜的蜂场约为300个，蜂群3万多群，苕子蜂蜜将到达1 800~2 000t。由于在4月6日前后云南普降雨水，山花开花，随后所取苕子蜂蜜将会带有一定颜色，浓度降低。苕子蜂蜜近年作为特色蜂蜜，由于结晶细白，口味冰甜气味清香，逐渐成为口味清淡人们的喜爱。被别称“雪脂莲蜂蜜，市场年共需苕子蜂蜜1 100~2 100t。尤其在近年，随网络销售推广，苕子蜂蜜逐渐成为网购热品。蜂场现场收购价格在14~14.5元/kg，本地库房检验合格交货价16~16.5元/kg。苕子花在气温20℃时开始泌蜜，最佳泌蜜温度为24~28℃。光叶苕子花冠较浅，泌蜜较多，花期长达1个月，蜜质好；毛叶苕子花冠较深，泌蜜量较少[15]。

四、繁种利用

除茶园套种苕子不宜留种外，其他种植均可作留种利用。由于苕子是无限花序，种子成熟不一致，当荚果有75%变黄时便可刈割[16]。但苕子产量低而不稳，繁殖系数小，提高产量的措施要跟上，适时早播、稀播，每亩播种量一般控制在10～2.0kg，基本苗在8 000～12 000株即可；要加强田间管理，注意肥、水的管理及病虫害的防治；有条件的可设立支架，增加透光，减少花荚脱落；适时收获，在种荚有五成枯黄带褐色时收割，以减少裂荚落粒。根据范霞[17]研究结果表明：不同因素对毛叶苕子籽实产量的影响依次为：播种期>施肥量>播种量。适时早播（4月25日至5月10日播种）、合理密植（播种量15～60kg/hm^2）、适量施肥（磷酸二铵45～90kg/hm^2）是获得籽实高产的关键。根据覃廷全[18]研究结果表明；种植密度与苕子的分枝数、总荚数和有效荚有很大的关系，从而影响到种子产量。在掌握最佳播种期及抓好开沟排水和防治病虫害基础上，苕子留种田以每亩播种量0.5～1.0kg较适宜。混播油菜对苕子种子产量的提高有极显著的效果，为提高留种田产量，提倡每亩混播50～150g的油菜种子。苕子对磷反应敏感，每亩用磷肥5.0～10.0kg进行拌种，对提高种子产量有显著的作用。磷钾和硼、钼等微量元素能增强植株抗逆性，促进花荚发育，增加结荚数，从而提高产量。为此，应大力推广苕子花荚期叶面喷施KH_2PO_4及硼砂、钼酸铵等溶液的农技措施，以提高种子产量。根据薛志强等[19]研究结果表明，毛叶苕子繁种后，0～20cm土壤有机质、全氮、碱解氮分别比繁种前提高了0.09g/kg，0.002g/kg和3.6mg/kg；无根茬田施用100%N与毛叶苕子茬口施用90%N的燕麦产量无差异，毛叶苕子繁种田根茬还田的供氮能力相当于6.90kg/hm^{2}的化肥氮；毛叶苕子茬口不同施氮量比无根茬施用100%N的氮肥偏生产力提高了1.95～6.67kg/kg。

五、用作生态保护

2015年农业部制定出台了《农业部关于打好农业面源污染防治攻坚战的实施意见》，明确要求到2020年，实现“一控两减三基本”的目标；还制定了《到2020年化肥使用量零增长行动方案》。种植、利用绿肥作物苕子，恰好是一项保护农田生态环境和化肥减量施用的技术措施[20]。苕子地上部所含的肥料成分，相当于1 000m^{2}氮15～17kg、磷酸4.4kg、钾25kg[21]。根据陈正刚等[22]研究结果表明：光叶苕子与化肥减量配施可提高玉米产量、养分利用率和农学效益。在翻压15t/hm^{2}光叶苕子鲜草条件下，减少化肥用量45%，玉米产量也能达到当地常规产量水平，减少化肥用量 15%～30%，可显著提高玉米产量，增幅达 13.52%～25.70%，氮、磷、钾养分利用率分别提高 11.1%、6.9%、5.4%，氮钾农学效益提高 7.3kg/kg，磷农学效益提高 10.9kg/kg，养分利用率和农学效益以化肥减量 15%为最佳；连续 3 年翻压光叶苕子并适当减少化肥用量可提高土壤有机质、全氮、速效氮含量，保持有效磷、速效钾含量，降低土壤容重；翻压光叶苕子 15t/hm^{2}的条件下，化肥用量最多可减少 45%，但要提高玉米产量，化肥减量水平以 15%～30%为适宜。根据张久东，包兴国，曹卫东等[23]研究结果表明，施用绿肥与减施化肥并复种毛叶苕子可生产优质绿肥鲜草 17 093～19 110kg/hm^2。减施化肥 30%的处理较农民习惯施肥增效 12 091 元/hm^2，经济效益提高 64.7%，土壤有机质和碱解氮含量分别提高 1.8g/kg 和 10.5mg/kg，而施氮量较高的处理并不利于土壤有机质的积累。施用绿肥 7 500kg/hm^{2}可以代替氮肥 67.5～90kg/hm^2，具有培肥土壤和节能、减排、增效作用。

参考文献

[1] 焦彬，顾荣申，张学上．中国绿肥［M］．北京：农业出版社，1986.

[2] 曹卫东，徐昌旭．中国主要农区绿肥作物生产与利用技术规程［J］．北京：中国农业科学技术出版社，2010：238.

[3] 于振文，等．作物栽培学各论（北方版）（M）．中国农业出版社．403-404.

[4] 引用于 2016.03.23 发布的中国牧草产业网．

[5] 张祥明，左庆，郭熙盛，武际，李胜群．不同耕作措施对苕子养分吸收及土壤理化性状的影响［J］．安徽农业科学．43（32）：244-247，249.

[6] 夏光利，董浩，毕军，朱国梁，曹卫东．播期对两种桃园绿肥生长及养分积累特性的影响［J］．山东农业科学．2016，48（7）：95-98.

[7] 曹卫东，徐昌旭．中国主要农区绿肥作物生产与利用技术规程［J］．北京：中国农业科学技术出版社，2010，263-265.

[8] 曹卫东，徐昌旭．中国主要农区绿肥作物生产与利用技术规程［J］．北京：中国农业科学技术出版社，2010，125-129.

[9] 白金顺，曹卫东，樊媛媛，高嵩涓．苏南稻田 4 种冬绿肥养分特性及对翻压前土壤无机氮的影响［J］．植物营养与肥料学报 2013，19（2）：413-419.

[10] 杨志坤，张道祥．光叶紫花苕子的栽培利用技术［J］．临沧科技．2003.1：42.

[11] 范霞，段玉，段海燕，张君，姚俊卿，安昊．播种期、播种量和肥料用量对毛叶苕子产草量及籽实产量的影响［J］．内蒙古农业科技 2012（6）：60-61.

[12] 施万清．光叶紫花苕子在贵州威宁的栽培及利用［J］．当代畜牧，2016（11）：58-58.

[13] 王秋萍，王立元．果园绿肥—毛叶苕子［J］．山西农业科技．2003（7）：29-29.

[14] 曹卫东，徐昌旭．中国主要农区绿肥作物生产与利用技术规程［J］．北京：中国农业科学技术出版社，2010，101-102.

[15] 熊剑，李艳薇，郭军．云南春季特色蜜源植物—苕子［J］．中国蜂业．2016，67：41.

[16] 王德猛．光叶紫花苕种植方法［J］．四川畜牧兽医．2016（1）：44.

[17] 范霞，段玉，段海燕，张君，姚俊卿，安昊．播种期、播种量和肥料用量对毛叶苕子产草量及籽实产量的影响［J］．内蒙古农业科技 2012（6）：60-61.

[18] 覃廷全，顾华东，阮月艳，欧巨文，陈统才，陈振威，姚元升．不同栽培措施对苕子种子产量的影响［J］．中国农学通报，1998，14（6）：76-77.

[19] 薛志强，郝保平，曹建琴等．毛叶苕子繁种田根茬还田供氮能力的研究［J］．山西农业科 2017，45（1）：75-77，110.

[20] 李忠义，蒙炎成，唐红琴，何铁光．南方稻区苕子轻简栽培技术要点及还田方式［J］．中国热带农业》，2016（5）：79-80.

[21] 白户昭一，米仓贤一，沈晓昆．引入苕子的水稻有机免耕栽培［J］．农业装备技术．2014，40（4）：64.

[22] 陈正刚，崔宏浩，张钦，李剑，等．光叶苕子与化肥减量配施对土壤肥力及玉米产量的影响［J］．江西农业大学学报，2015，37（3）：411-416.

[23] 张久东，包兴国，曹卫东，车宗贤，卢秉林，杨新强，吴科生．长期施用绿肥减施化肥对毛叶苕子产草量和土壤肥力的影响［J］．中国土壤与肥料．2017（6）：66-70.

第六章　箭舌豌豆

箭舌豌豆（Vicia sativa L.）别名春苕子、大巢菜、野豌豆、普通苕子。箭舌豌豆既可作绿肥又可作牧草利用，鲜草、干草适口性好，具有较高的营养价值。箭舌豌豆根系发达，茎叶繁茂，护土和固沙能力强，是优良的水土保持和固沙植物。花多而美，花期较长，也是良好的蜜源和绿化观赏植物。

第一节　起源与传播

箭舌豌豆原产于地中海沿岸和中东地区，在南、北纬 30°~40°分布较多。在欧洲的种植甚为集中，被广泛用于饲草，在北美是一种重要绿肥。通过引种，目前在世界各地种植已很普遍。20 世纪 40 年代中期，甘肃、江苏等省引进箭舌豌豆试种，60 年代在甘肃开始用于生产，而后在陕西、山西、河南、江苏、安徽等省发展较快，80 年代初已成为中国农区绿肥饲草的主栽品种之一。据统计，20 世纪 70 年代中期种植面积最大的年份曾达到 1 000万亩左右。如江苏省 1976 年“6625”箭舌豌豆秋播面积为 168 万亩，江苏省农科院选育的大荚箭豌、淮 280-17、淮 281-10、苏箭 3 号等品种在南方相继秋播成功，累计推广面1 200多万亩。甘肃省 1985 年箭舌豌豆种植面积为 150 万亩，其中河西地区种植达 65 万亩。此外，雁北、南阳盆地、江汉平原、皖中沿江地区、黔东南、川西地区、陕西西部丘陵区、湘中晚稻区以及南方经济林园种植利用箭舌豌豆发展较快，分布地域甚广[1]。

第二节　种质资源

箭舌豌豆在农牧业生产中发挥的作用显著，从国外引进的品种逐年增多，国内的育种工作也有很大的进展。大部分春箭舌豌豆品种为中晚熟种，生育期长、成熟晚，后期遇到连雨容易贪青徒长，这对作为一种填闲和倒茬作物来讲是一严重缺陷，虽然也有几个早熟品种，但大都产草量低。而且绝大多数春箭舌豌豆品种，籽实中氢氰酸含量较高，有些超过国家允许标准十几倍甚至几十倍。由于这些缺陷的存在，给春箭舌豌豆的种植利用带来了一定的局限性，也给育种工作者提出了选育早熟、丰产、低毒品种的迫切要求。

1. 品种筛选与利用

20 世纪 60 年代中期始，由甘肃推广种植西牧 327、324、328、880、881 等品种，后引调西北、华北及江淮地区；70 年代推广种植适宜于长江中下游、中原等地区的“6625”、澳大利亚箭舌豌豆；80 年代初，在北起淮北，南至湘中，以及浙、闽等省发展种植大荚箭豌、苏箭 3 号等品种。在南方地区多用作绿肥，黄土高原区则以肥饲兼用和繁种。除上述主要品种外，搭配品种还有新疆箭舌豌豆，西牧 325、327、820，阿尔巴尼亚，西牧 333/A，陇箭 1 号，粉红花箭舌豌豆等品种。

2. 主要品种简介

“兰箭 3 号”春箭舌豌豆。由南志标等选育完成牧草新品种，并于 2011 年通过了全国草品种审定委员会的审定。其适宜种植在以青藏高原为主体的草原牧区，具有早熟、抗寒性强、生育期短等优良特性，为我国高海拔地区的反刍动物提供优质的蛋白粗饲料[2]。

陇箭 1 号箭舌豌豆。由甘肃省农业科学院土壤肥料研究所，从新疆箭舌豌豆优良变异株系中选育而成。抗旱、耐寒性强，营养体健壮、生长茂盛，且根系发达。全育期 105～110 天，系中熟品种。鲜草产量 3.87 万 kg/hm^2（n=20），春播产种量 0.33 万 kg/hm^2（n=25），千粒重 55.0～60.0g。盛花期取植株测定干物肥分含量：全氮 36.9g/kg，全磷 7.0g/kg，全钾 30.3g/kg；干物质营养成分：粗蛋白 21.02%、粗脂肪 1.78%、粗纤维 36.43%、无氮浸出物 26.53%。该品种籽实内含 HCN33.400mg/kg，而茎叶中含 HCN 仅为 0.335mg/kg。因此，该品种是绿肥、饲草兼用绿肥作物，已在甘肃河西灌区、沿黄灌区推广种植面积达7 000hm^2 以上。

苏箭号箭舌豌豆。系江苏省农业科学院从澳大利亚引入的 Languedoc 品种中系统选育而成。据在兰州、武威等地试验观察，该品种速生早发，叶长而宽，分枝性强，抗旱、再生性好，适应性广。麦田套种麦收后 9 月中旬已值秋末低温时节再生株花繁殷盛。麦田套种产鲜草 3.98 万 kg/hm^2（n=25），高者可达 6.00 万 kg/hm^2 以上；春播产种量可达 0.38 万 kg/hm^2（n=28），高者达 0.48 万 kg/hm^2。千粒重 60～65g。全生育期 95～105 天，系中早熟品种。花期取样分析干物质养分含量，全氮 39.3g/kg，全磷 3.3g/kg，全钾 27.0g/kg，有机碳 45.54%。干物质营养成分：粗蛋白 24.56%，粗脂肪

1.17%，粗纤维23.80%，无氮浸出物29.91%，灰分12.14%。系肥、饲兼用的优良品种。已在甘肃河西灌区、沿黄灌区及东部干旱地区推广面积超过1.3万hm^2，取得了良好的经济、社会和生态效益。

333/A春箭舌豌豆。是中国农业科学院兰州畜牧研究所选育的春箭舌豌豆新品种，经在甘肃、青海、新疆、宁夏、陕西河北、江西等省区进行品比、区试和试种，表现遗传性稳定，综合性状优良。1987年通过农业部验收鉴定并获全国牧草品种鉴定委员会颁发新品种证书，1991年获甘肃省科技进步二等奖。该品种具有如下优良特性。

（1）早熟且成熟一致。从出苗到成熟仅需70~110天（因播种时间和种植地气候条件不同而有一定差异），一般为三个月左右。

（2）抗旱、耐寒。幼苗叶片狭牵细长出苗5天叶仅1mm，长2.43cm，呈暗紫色，而根系却发达。因为根系暖水力强、叶面蒸腾少，所以抗旱能力明显强于其他品种。在生长旺期对土壤水分的消耗也比中晚熟品种少，更为耐寒抗冻，生长期间能耐零下8~12℃短暂低温。在高寒山区种植，9月平均气温不低于9℃可正常成熟结实。在某些高寒地区成了目前唯一能正常成熟结籽的豆科作物。

（3）耐瘠薄土壤。对土壤要求不严，也较耐瘠，在不施肥的山坡地上种植，平均亩产籽实123kg，最高的达275kg这是其他作物难于相比的。

（4）不炸荚。一般春箭舌豌豆品种，种子成熟后豆荚易炸裂，333/A豆荚结合牢固即使干熟后也不易炸裂，这对于缓解收获时劳力紧张状况是大有裨益的。

（5）丰产稳产。333/A的种子产量不但较而且较稳定，一般坡旱地亩产100~150kg，高者达300kg，333/A在春季播种（多收种为主要目的）植株不高，产草量较低，一般亩产青干草500~700kg，但如果在秋季以生产豆青（青干草）为主要目的进行复种、套种，则由于333/A早期生长发育快，能充分利用冬前有限的水温条件，青干草产量高达800~1 200kg。在南方红壤丘陵旱地进行冬播，亩产鲜草可达3 800kg。

（6）种子品质好、氢氰酸含量低。333/A种子质地疏松营养丰富，粗蛋白质含量达32.4%；青干草的质量可与紫花苜蓿相媲美，粗蛋白质含量为22.78，各种必需氨基酸含量丰富。

由于333/A具有优良的综合经济性状，可作为春箭舌豌豆的换代品种进行推广。在北方，既适合春播生产精饲料，也适宜秋季套种、复种生产优质青干草（热量条件较高的地区复种也可以收籽）。在南方，可作为冬季绿肥种植，也可利用冬春稻田休闲季节生产精饲料。333/A籽实既是富含蛋白质的精饲料，也可加工成质地优良的粉面、粉丝等豆制品供食用。333/A青草不但是草食家畜的优质饲草。如加工成干草粉也可饲喂猪禽，从而增加日粮中的蛋白质含量。

第三节 植物学特征及生长环境

一、箭舌豌豆植物学特性

1. 植物学特性

箭舌豌豆（Vicia sativa4I.）属豆科（Leguminosae）野豌豆属（Vici）的一个栽培种。一年生草本，茎细软，斜升或攀援，有条棱，多分枝，长 60~200cm。羽状复叶，具小叶 8~16 枚，叶轴顶端具分枝的卷须；小叶椭圆形、长圆形或倒卵形，长 8~20mm，宽 3~7mm，先端截形凹入，基部模形，全缘，两面疏生短柔毛；托叶半边箭头形；花 1~3 朵，生于叶腋，花梗短；花萼筒状，萼齿披针形；花冠蝶形，紫色或红色。荚果条形，稍扁，长 4~6cm 内含种子 5~8 粒；种子球形或微扁，颜色因品种而不同，有乳白、黑色、灰色和灰褐色，具有大理石花纹，种子千粒重 18~21g。

2. 生物学特性

（1）温度要求。箭舌豌豆喜凉爽，抗寒性较强，适应性较广。生长所需活动积温 1 500~2 000℃，在 2~3℃时开始发芽，幼苗期能忍耐-6℃的春寒，生存最低温度为-12℃。

（2）水分要求。耐旱力很强。据试验，幼苗期（6 月上旬）灌溉 1 次，7 月测定 0~20cm 土层含水量仅有 5.7%~8.6%，土壤十分干旱，但箭舌豌豆仍可保持生机。一般在分技盛期及结荚期灌水 1 次，即可获得良好的种子收成。

（3）土壤要求。箭舌豌豆对上壤要求不严，一般土壤均可，它比普通豌豆耐瘠薄，生荒地上也能生长，是良好的先锋作物。

（4）生长特性。箭舌豌豆不同品种的生育期，在不同的自然条件下有所不同，在四川省凉山州其生育期为 100~120 天；因播种季节不同而略有关异，春播生育期较短，秋播生育期较长。苗期生长缓慢，孕蕾期开始以迅速生长。其生长速度，花期以前与温度成正相关，花期以后则与品种特性有关。根据刘勇等[3]研究结果表明，同一水分条件下，在 10~25℃内，随着温度的升高，箭舌豌豆幼苗前期生长速率逐渐升高，生长期逐渐缩短，停止生长的时间提前。箭舌豌豆幼苗生长和发育的适宜温度为 20℃，在 20℃条件下，幼苗出土最快，总生物量与温度处理间差异显著；培养温度低至 10℃时，株高和生物量显著下降。

二、适宜种植区域

在江苏、江西、台湾、陕西、云南、青海、甘肃等地的草原和山地均有野生种分布。箭舌豌豆在甘肃、青海试种，表现为适应性强。在河北及长江中下游各地栽培生长均良好。

第四节　高产栽培及主要种植模式

一、栽培技术要点

1. 种前准备

精细整地，每亩施用有机15 000kg 和过酸钙 10~15kg 作底肥。

2. 施肥

对土壤、肥料要求不严，在条件许可时，适当施用一些磷肥作底肥。

3. 播种

（1）播种期。北方地区从春季至秋季（不迟于 8 月上旬）均可播种。一般收种用以 4 月初播种较好夏季播种应争取早播，特别是温度较低的地区（10 月平均温度低于 7℃），早播是获得高产的关键。南方地区一年四季均可播种，用作收种，秋播不迟于 10 月，春播不宜迟于 2 月。

种子应选用上年收获的自留种子或是在正规种子供应商处选购的上年种子。清除种子内的土块、碎石子等杂物。采用微肥拌种：通常采用 0.2%的钼酸铵溶液拌种。方法为称取 100g 工业用钼酸铵，先用 1kg 温水将钼酸铵溶解，然后加入洁净的自来水或井水 49kg，配制成 0.2%的钼酸铵溶液。将选好、去杂的箭舌豌豆种子倒入钼酸铵溶液浸泡 20 分钟后捞出、沥干。一般 50kg 钳酸铵水溶液可拌箭舌豌豆种子 300kg。

（2）播和量。饲草地每公顷用种 60~90kg；种子地每公顷用种 15~60kg。亦可与禾本科牧草混播，混播比例为 2∶1 或 3∶1。留种田最主要的就是扩大个体营养面积，保持田间通风透光，促使单株健壮生长，增强结实率。在选择播量时应为绿肥掩青播量的一半为宜，即亩播种量 2.5kg[4]。

（3）播种方法。条播为宜，行距为 20cm。足墒时，播深 3～4cm；如土壤墒情差，适当深播至 4cm，并加大播种量（5～6kg/亩）。也可以采用机械耧播或畜力耧播两种方式，避免撒播，以提高播种质量和箭舌豌豆的出苗率。播种后要及时镇压。保证种子萌发和出苗的墒情，尽量做到足墒下种，以保证出苗全和苗齐、壮苗。如果播种时墒情不足，也要适时播种，然后等雨增墒。根据刘勇等[3]研究结果表明，幼苗出土后，土壤含水量保持在 50%～70%FMC，外界环境温度控制在 15～20℃，对箭舌豌豆幼苗生长最有利。

（4）田间管理。箭舌豌豆出苗后理简便，在北方灌溉区应重视分枝盛期和荚期的供水，此时上水分情况对籽实产量影响较大。南方雨季则应注意排水。

（5）病虫害防治[5]。箭窖豌豆耐旱、耐寒、耐瘠薄，适应性很强，很少有病害发生。但有时有虫害发生，主要虫害为蚜虫、叶蝉类、芫菁。

蚜虫。在田间蚜量不很多，而天敌又有一定数量时，不要盲目施药，以免杀伤天敌，反而招致蚜害。蚜虫的天敌种类很多，主要有瓢虫、草蛉、食蚜虻、花蝽和蚜茧蜂、蚜霉菌等。当田间的天敌总量与蚜虫总量之比在 1：（80～100）以内时，不必施药，完全可以发挥天敌的灭蚜作用。化学药剂防治，可用一遍净、快杀灵、灭蚜菌、抗蚜威、大功臣等按说明施药。

叶蝉。叶蝉以成虫、若虫群集植物叶口背面和嫩茎上，刺吸其汁液，使植物发育不良，叶片受害后多褪色呈畸形卷缩，甚至全叶枯死。叶蝉类为害盛期一般在 6—8 月。在若虫盛发期喷撒药剂防治。

芫菁。开花期受害最重，成虫咬食叶片成缺刻，或仅剩叶脉，猖獗时可吃光全株叶片，导致植株不能开花，严重影响产量，可通过喷洒聚酯类杀虫剂 1 500倍液 30～45kg/亩得到快速防治。一般喷洒 2 次间隔 15～20 天。

（6）鲜草、种子收获。在孕蕾期或初花期刈割鲜草，此时的营养价值最好，箭舌豌豆种子成熟后易炸，当 70%的豆荚变黄褐色时即可在早晨收割。

二、种植模式

湘、鄂、皖、赣等省晚稻收后于 12 月上旬耕翻播种苏箭 3 号、大荚箭豌等品种，翌年 4 月压青。

在沿江的麦—玉米两熟制和麦—玉米、稻三熟制中，可采用麦类与箭舌豌豆间作，作为玉米或水稻的底肥。

在江淮地带与苏北滨海地区，可在棉花、玉米、甘薯等作物播种前早春间、套种一茬箭舌豌豆作绿肥，也可与玉米间作留种。

在陕西、甘肃、青海、山西等省高寒地区多以小麦、马铃薯、燕麦与箭舌豌豆轮种，用以收籽或留青作饲料，根茬肥地。

在西北春麦灌区采用麦田套种、麦收后复种箭舌豌豆，生产一茬秋绿肥饲料，实行“麦草轮茬”，广开饲源，根茬肥地，农牧结合，综合利用，效益显著。

苏、浙、湘、赣、闽、豫等省在经济林园中发展种植箭舌豌豆等草类，起到覆盖稳温保墒、抑制杂草、提高土壤肥力、促进增产、改善果品质量的作用，效果甚佳。

甘肃省绿肥的应用模式主要包括麦类作物收获后的套、复种口，玉米前期间作，马铃薯绿肥间作，果树绿肥间作和单种绿肥。箭舌豌豆作为主要的绿肥作物种类，在利用模式的选择上，生育期是关键因素。其中，麦类作物收获后套、复种和玉米前期间作两种利用模式，考虑到甘肃省麦收后的有效空闲期的时间和玉米前期生长缓慢的特点，则需要生育期相对较短的箭舌豌豆品种，而与马铃薯间作则需要早中熟品种与果树间作和单作时，生育期将不再是决定因素，只要有高的生物产量和籽粒产量即可。苏箭 3 号、陇箭 1 号和 333/A 的生育期小于 120 天，属于早熟品种，各种利用模式均可；山西春箭豌和 MB5/794 的生育期为 120~130 天，属于中熟品种，则适宜与马铃薯间作、与果树间作和单作等；西牧 820 和波兰箭碗的生期在 130 天以上，属于晚熟品种，则只适宜与果树间作和单作两种利用方式。

三、茶园等套种大荚箭舌豌豆技术[6]

1. 套种方法和年限

套种绿肥时必须给茶树生长留出适当的空间，并且要随着树冠的扩大逐年缩小套种面积，以保证绿肥作物不与茶树争水肥及攀树遮光。一般新植茶园在茶苗定植后 14 年内、低改茶园在封行前的 1~2 年内适宜套种大荚箭舌豌豆。重剪和台刈改造的茶园可视具体情况套种 1~2 行大荚箭舌豌豆，封行后不宜进行套种。双行条栽 1~2 年生茶园，在大行间套种大荚箭舌豌豆 2 行；3~4 年生茶园大行间套种 1 行；5 年生上茶园行间一般不套种，可在同边地角适当种植。

2. 整地、播种

（1）深翻整地。套种大荚箭舌豌豆的茶园整地一般可结合秋末茶园深耕同时进行，深度20~30cm。深翻后稍作碎土平整即可开沟（或挖穴）播种，播种时每亩施钙、镁、磷肥25kg左右作基肥。

（2）适时播种。适期早播，争早发，年内多分枝是大荚箭舌豌豆鲜草高产的关键，一般以10月上中旬播种为宜。播种方式为条播或点播均可，条播行距为35~40cm，株距4~5cm；点播行距为35~40cm，穴距为25~30cm，每穴播5~6粒种子。播种后覆土厚度为1.0~1.5cm。播后3~4天内遇干旱应适当浇水，保持土壤湿润。

3. 田间管理

大荚箭舌豌豆虽然适应性、抗逆性强，病虫害轻，易栽培，但既要实现高产又不致影响茶树生长，在田间管理上就必须注意以下两点：一是及时抓好前期肥培管理。苗期生长缓慢，需及时进行中耕除草，结合施少量速效肥，以利植株和根瘤菌生长。一般当苗高达6~8cm时中耕除草1次，并亩施复合肥6~8kg；开春后进行第2次中耕除草，并视植株长势再亩施尿素58kg。二是及时做好匍匐枝的整理工作。大荚箭舌豌豆匍匐茎长可达150cm以上，且攀绕性强，在茶园管理时应经常进行整理，使其不致因攀绕茶树而影响茶树生长。有条件的地方可在行间用长80~100cm的树枝、竹梢等作支架，使大荚箭舌豌豆攀援生长，以改善茶园下部通风透光度，提高鲜草产量。

4. 割青、翻压

过早压青，鲜草产量低，植株过分幼嫩，肥效差；压青过迟，植株老化，茎叶养分含量较低，在土壤中不易分解，肥效低。一般大荚箭舌豌豆适宜的割青、翻压时间为盛花至终花期，浙南地区在4月中下旬割青、翻压为宜。翻压方法是就地挖深20~25cm的沟，将鲜草压埋入土。

第五节　综合利用

一、经济价值

箭舌豌豆的根瘤菌有固氮作用，既可丰富农作物生态系统的氮素营养，还可以有效地富集和转化土壤养分，并可通过根系活动改良土壤的理化性质。复种箭舌豌豆后，在0~20cm土层中的速效氮比休闲地增加66.7%~133%；比复种前增加66.7%~249.9%，比复种普通豌豆效果好。与休地比较，由于植株生长过程中不断新陈代谢，根毛、叶子和根冠的部分脱落、生长，以及根系所分泌的各种氨基化合物，给微生物提供了良好的生活条件，故复种箭舌豌豆之后，几种有益微生物也大有增加。由于箭舌豌豆有改土、增肥、以地养地的良好作用，生育期又短，比小麦早熟一个节令，所以与其他作物有许多适宜的间轮作模式。它不仅可以与红薯、花生、大豆、芝麻、水稻、玉米轮作，还可以与棉花、西瓜、果树间作，均可明显提高经济效益，尤其是红薯和花生面积大的产区，更应作为一个切实可行的增效项目，有不少尝到甜头的地方都有“红薯、花生增产量，另外白得一季豆”的说法[7]。

二、饲用价值

箭舌豌豆茎叶柔嫩，营养丰富，适口性强，马、牛、羊、猪、兔等家畜均喜食。其青草的粗蛋白质含量较苜蓿高，粗纤维含量少，氨基酸含量丰富。茎秆可作青饲料，调制干草，也可用作放牧。箭舌豌豆的籽实和青草产量，较普通豌豆高而稳定。据测定，箭舌豌豆干草售粗蛋白 16.14%，粗脂肪 3.32%，粗纤维 25.17%，无氮浸出物 42.29%，钙 2.0%，磷 0.25%，籽实含蛋白达 30.35%，是饲粮饲料、饲草兼作物，生长繁茂，产量高。一般每公顷产鲜草 1 000~2 000kg，高者可达3 000kg，每公顷产种子 100~150kg，高产可达 250kg。鲜草干燥率 22%，叶量占 51.3%，茎叶柔嫩，营养丰富，适口好，牛、羊、猪、兔和家禽都喜食。箭舌豌豆箭与奇燕麦混播，收贮混合背干草，产量较青燕麦提高 43.3%，混合青下草的蛋白质含量较青燕麦提高 4.0%，是增加冬春干草贮量，改进干草质量，提高冬春家畜营养水平的有效途径，可在青燕麦种植地区大力推广[8]。

三、留种收种价值

箭舌豌豆留种除了适当减少播种量，实行稀播外，还应特别注意设立支撑物，以改善通风透光条件，减少沤花沤荚，增加粒重和种子产量。留种田可混播少量腊油莱或满园花作支架，也可用人工插树枝作支架。最好的方法是在棉地中留种，利用棉杆作支架较理想。9 月下旬至 10 月初在棉行中松土播种，然后让其顺着棉杆攀缘生长，可增产种子 20%~40%。其他的栽培技术和管理措施与鲜草田同。箭舌豌豆可春播留种，充分利用收蔬莱后的地或其他闲散地，于 2 月中、下旬播种，一般每亩可收种子 30~50kg。当种荚有 80%左右呈黄色时即可收割。收割应选晴天进行，收割后不宜堆放过久，应及时摊晒脱粒。特别注意不能起大堆或堆得过紧，也不能让雨淋，以免堆中发热温度过高，烧坏种子，影响种子发芽率。脱粒的方法与黄豆同，即摊晒后用竹杆或木棍敲打，种子即可脱出，然后去掉杂质，晒干后保存备用。在保管过程中要防鼠、防虫、防霉[9]。根据胡小文[10]对7个播期收获的种子进行了发芽率、千粒重、电导率的测定和带菌率的统计，并测定了主要种带真菌的致病力。结果表明，2000年不同播期收获的种子在千粒重、带菌率、电导率、发芽率之间存在显著性差异（$p<0.05$），晚播导致种子质量的下降。但在2001年不同播期收获的种子除个别品系表现出显著差异（$p<0.05$）之外，其他品系各播期之间并无明显差异。真菌接种试验表明，除细交链孢（Alternaria alternata）外，青霉（Penicillium sp.），大刀镰孢（Fusarium culmorum），厚垣镰孢（F. chlamydosporum），粉红单端孢（Trichothercium rosen）4种真菌都不同程度地降低了种子的萌发和幼苗的生长。其中以大刀镰孢、厚垣镰孢对种子的危害最大，降低萌发率分别达26%和44%。

四、药食价值

箭舌豌豆的籽实用途很广，不仅是大牲畜的优质精饲料，其淀粉又是造纸、医药、食品加工等行业的优质原材料，还可用于大量加工优质凉粉。所以，箭舌豌豆的籽实市场缺口很大，价格一直居高不下，发展前景广阔。

参考文献

[1] 吕福海，包兴国，刘生战，等箭舌豌豆［J］. 甘肃农业科技，1994（3）：24-26.

[2] 陶晓丽，马利超，聂斌，等．“兰箭3号”春箭舌豌豆叶绿体全基因组草图及特征分析［J］. 草业科学．2017，34（2）：321-330.

[3] 刘勇，王彦荣．温度和水分对箭舌豌豆幼苗生长的影响［J］. 草业科学．2014. 31（7）：1302-1309.

[4] 赵永莉．箭舌豌豆留种田超高产栽培．北京农业．2009. 10：13-14.

[5] 曹卫东，徐昌旭，等．中国主要农区绿肥作物生产与利用技术规程［M］. 北京：中国农业科学技术出版社，2010. 6.

[6] 沈旭伟．浙西南茶园套种大荚箭舌豌豆技术［J］. 中国茶业．2008. 30（7）：24-25.

[7] 王晓峰．小豆带动大农业—箭舌豌豆［J］. 农村实用工程技术．2012. 8：32.

[8] 徐加茂．箭舌豌豆的种植与管理［J］. 牧草科学．2012. 7：28-29.

[9] 龙株茱，徐孝瑞，唐瑞，等．绿肥良种“箭舌豌豆”的特征特性及高产栽培利用技术［J］. 湖南农业科学．1987. 5：26-28.

[10] 胡小文，王彦荣，南志标，聂斌．播期对春箭舌豌豆种子质量的影响［J］. 生态学报．2004. 24（3）：409-413.

第七章　蚕豆

蚕豆（Viciafaba L），又称佛豆、兰花豆、胡豆、罗汉豆，是粮食、蔬菜和饲料、绿肥兼用作物。蚕豆蛋白质含量高 12%，脂肪 0.6%，碳水化合物 15.4%，还富含多种维生素。具有健脾除湿，通便凉血之功效，营养价值丰富，含人体必需的 8 种氨基酸，是人类获取优质植物蛋白的重要来源；青蚕豆可作蔬菜等食用，新鲜茎叶可作家畜青饲料，也可还田作绿肥，蚕豆根系还着生根瘤菌具有固氮能作用，是生物养地的重要作物，蚕豆鲜茎叶含氮 0.55%~0.59%，磷 0.13%~0.14%，钾 0.45%~0.52%，均高于冬季绿肥紫云英。每亩可提供鲜茎秆 1 000~1 300kg 作为绿肥压青，这对于改良土壤，增升土壤肥力的目的[1]。中国是蚕豆生产大国，据联合国粮农组织统计 2013 年中国蚕豆种植面积、总产分别占世界的 59%和 61%[2]。近年来，随着生态循环农业和绿色农业的发展，耕地质量提升的需要，种植蚕豆等绿肥面积越来越大，对于保持耕地生态平衡和耕地永续利用起着重要的作用。

第一节　蚕豆生物特征

一、蚕豆形态特征

蚕豆属一年生草本植物，高 30~120cm。主根短粗，多须根，根瘤粉红色，密集。茎粗壮，直立，具四棱，中空、无毛。偶数羽状复叶，叶轴顶端卷须短缩为短尖头；托叶戟头形或近三角状卵形，略有锯齿，具深紫色密腺点；小叶通常 1~3 对，两面均无毛。总状花序腋生，花梗近无；花萼钟形，萼齿披针形，下萼齿较长；具花 2~4（2~6）朵呈丛状着生于叶腋，花冠白色，具紫色脉纹及黑色斑晕，长 2~3.5cm，旗瓣中部缢缩，基部渐狭，翼瓣短于旗瓣，长于龙骨瓣；雄蕊工体（9+1），子房线形无柄，胚珠 2~4（2~6），花柱密被白柔毛，顶端远轴面有一束髯毛。荚果肥厚，成熟后表皮变为黑色。种子 2~4（2~6），长方圆形，近长方形，中间内凹，种皮革质，青绿色，灰绿色至棕褐色，稀紫色或黑色；种脐线形，黑色，位于种子一端。花期4—5月，果期5—6月。

荚果，长5~10cm，宽2~3cm；表皮绿色被绒毛，内有白色海绵状，横隔膜，成熟后表皮变为黑色。

二、生长习性

蚕豆生于北纬63°温暖湿地，耐-4℃低温，但畏暑，对温度要求随生育期的变化而不同，种子发芽的适宜温度为16~25℃，最低温度为3~4℃，最高温度为30~35℃，在营养生长期所需温度较低，最低温度为14~16℃，开花结实期要求16~22℃，如遇-4℃下低温，其地上部即会遭受冻害，虽然蚕豆依靠根瘤菌能固定空气中的氮素，但仍需要从土壤中吸收大量的各种元素供其生长，缺素常出各种生理病害。

第二节　蚕豆品种介绍

（1）慈溪大粒1号。该品种是白花大粒蚕豆，株型松散，植株较矮，株高85~90cm，茎秆粗壮，叶片宽且厚，叶色浓绿，花白带粉色。结荚部位较低，结荚离地约25cm，单株有效分枝6~8个，有效分枝结荚2~3荚；青荚长13~15cm，每荚2~3粒；豆粒肥大，鲜豆粒长3cm左右，宽2.4cm左右，鲜豆百粒重450g左右；鲜豆粒青白色，干豆浅褐色。老熟种子种皮呈浅红色，皮薄易开裂。播种至鲜荚采取200天左右，一般大田鲜荚亩产在900kg左右。播种期以10月中下旬为宜，此时土壤水分适宜，一般在11月上旬后期出苗，11月中旬分枝，充分利用越冬前的有利季节，早发多发有效分枝，长好营养体，达到壮苗越冬。过早播种易使植株冬前生长过旺，受冻害；过迟播种冬前植株矮小，开春后生长缓慢，有效分枝减少产量降低。

（2）崇礼蚕豆。强春性，早熟，全生育期100~110天，分枝少，花白色，有效分枝2~3个，株高80~100cm，单株荚数一般8~10个，单荚粒数2~3粒，百粒重120g左右。籽粒窄圆形，种皮乳白色。籽粒含蛋白质24.0%，脂肪1.5%，赖氨酸1.55%。该品种株型紧凑，适宜密植，喜肥喜水，丰产性好，一般亩产150~200kg，最高产量达280kg。

（3）临蚕5号。春播蚕豆品种。生育期125天左右，分枝一般为2~3个，百粒重180g左右，种皮乳白色。具有高产、优质、粒大，抗逆性强等特点，适应于高肥水栽培，根系发达，抗倒伏，一般亩产350kg左右，是粮菜兼用的优质品种。

（4）临蚕204。春播蚕豆品种，生育期120天左右，分枝2~3个，结荚部位低，百粒重 160g 左右。具有高产、优质、粒大的特点。适应性广，抗逆性强。一般亩产为 350kg 左右，最高亩产达 420kg。是出口创汇的优质品种。

（5）临夏马牙。春性较强。甘肃省临夏州优良地方品种，因籽粒大形似马齿形而得名。全生育期 155~170 天，性晚熟种。该品种种皮乳白色，百粒重 170g，籽粒蛋白质含量 25.6%。适应性强，高产稳产。平均产量 350kg/亩，最高可达 500kg/亩。适宜肥力较高的土地上种植。是中国重要蚕豆出口商品。

（6）临夏大蚕豆。春播类型。该品种种皮乳白色，百粒重 160g 左右，籽粒蛋白质含量 27.9%，平均产量 250~300kg/亩。喜水耐肥，丰产性好，适应性强，在海拔 1 700~2 600m 的川水地区和山阴地区均能种植，1981 年开始在甘肃省大面积推广。适于北方蚕豆主产区种植。

（7）青海 3 号。春播蚕豆品种，具有高产、优质、粒大的特点，分枝性强，结荚部位低，不易裂荚。种皮乳白色，百粒重 160g 左右，籽粒蛋白质含量 24.3%，脂肪 1.2%。根系发达抗倒伏，喜水耐肥，适宜在气候较温暖、灌溉条件好的地区种植。最高亩产达 400~450kg。

（8）青海 9 号。春播蚕豆品种，具有高产、优质、特大粒的特点，分枝性强，结荚部位低，不易裂荚。种皮乳白色，百粒重 200g 左右。根系发达，植株高大、茎秆坚硬，抗倒伏，喜水耐肥，适宜在气候较温暖、灌溉条件好的地区种植。最高亩产 440~480kg。春蚕豆区推广品种。

（9）湟源马牙。春播类型。该品种种皮乳白色，百粒重 160g 左右，属大粒种，是青海省优良地方品种。湟源马牙栽培历史悠久，具有较强的适应性，产量高而稳。分布在海拔 1 800~3 000m 的地区。一般水地产量 250~350kg/亩，山地 150~200kg/亩，是中国主要蚕豆出口商品。适于北方蚕豆主产区种植。

（10）日本吋蚕。春播蚕豆品种，由中国农科院品资所引进。生育期为 120 天左右，花白色，结荚部位低，结荚多，分枝少，单荚粒数一般为 4~5 粒。不易裂荚。百粒重 150g 以上，种皮乳白色，一般亩产 300kg 左右。抗逆性强，是粮菜兼用的优质品种。

（11）品蚕 D。春播蚕豆品种，生育期 125 天左右。具有高产，优质，小粒，耐旱耐瘠的特点。分枝一般 2~3 个，单株荚数 18~29 个，单荚粒数 2~3 个，百粒重 50~60g，种皮乳白色，种子蛋白质含量 28.36%，种子单宁含量少，不含蚕豆苷等生物碱，株高 115~156cm，一般亩产 300kg，高者达 350~400kg，是一个粮饲兼用的好品种。适于北方蚕豆主产区推广种植。

（12）双绿 5 号。浙江勿忘农种业集团选育的专用大粒型鲜食蚕豆新品种，株型紧凑，茎秆粗壮，鲜食用生育期约 200 天，株高约 10cm，鲜豆百粒重 450g 左右，抗病力较强，鲜荚产量每亩 750~1 000kg，鲜豆荚和鲜豆粒的综合商品性均符合出口标准。

（13）陵西 1 寸。该品种主茎绿色、方型，株高 100cm 左右，青荚重 20~30g，鲜豆百粒重 500g 左右，从播种至采鲜荚 200 天，亩产鲜荚 900kg 左右。

第三节　蚕豆栽培模式及技术

一、蚕豆轮作水稻高产栽培模式及技术

蚕豆轮作水稻模式是一种水旱轮作的种植模式，既能解决蚕豆从土壤传播的病害，又能提高耕地的利用率，而且能提高经济效益。

（一）蚕豆栽培技术

1. 选择品种

选用品质优、产量高的慈蚕 1 号、日本大白蚕等作栽培品种。

2. 做畦播种

应选土壤肥力中等，排灌条件较好的田块种植，一般畦宽 1.4m，种植双行，行株距 0.7m×0.35m。对酸性较重的土壤要适施生石灰等措施进行调酸。蚕豆喜温凉湿润的气候，对温度较敏感，最适播种期是立冬前后。蚕豆发芽的最低温度为 3~4℃，最适为 16℃左右，最高为 30~35℃。温度过高过低都会使发芽缓慢，遇高温则植株矮小，分枝少，且易提前开花，温度过低不能正常授粉，结荚少。因此，选择适时播种是提高产量最佳方法。一般用种量为 75~90kg/hm^2，选用钼肥 5g 加 1kg 水浸种 5 小时后，加拌多菌灵 10g/kg，现拌现播，播（3.0~3.9）×10.4 穴/hm^2，每穴播 1 粒[3]。

3. 蚕豆田间管理[4]

（1）追肥。苗肥：在蚕豆苗期亩用尿素 5kg/亩对水浇施，促进幼苗生长、促进早分枝；花、荚肥：在始花和结荚期 2 次亩施三元复合肥 25kg，有利于蚕豆高产。

（2）整枝摘心。苗长 5 叶时，及时打顶，促早萌生分枝，每株保留 5 个有效分枝。开春后苗高 30cm 左右时，摘除三级以上分枝；初荚期选晴天及时摘心，一般摘掉顶部 1~2

个叶节（一般每个分枝留有效结荚叶节在6个左右）。

（3）病虫草害防治。蚕豆病害有赤斑病、褐斑病、轮纹病、锈病、立枯病、枯萎病。

防治方法：①采用水旱轮作制栽培；②清沟排水，降低田间湿度；③针对病害在发病初期进行药剂防治：可选用50%多菌灵、70%托布津、20%噻唑锌、43%氟菌·肟菌酯、20%粉锈宁等。

蚕豆虫害主要蚜虫、斑潜蝇等，可用黄板诱杀或用60%吡虫啉、3.2%阿维菌素、25%乙基多杀菌素等农药防治。苗期草害防治，播后（盖好土、不露籽）亩用草甘膦300ml和乙草胺100ml对水50kg均匀喷洒畦面防草。

（4）蚕豆采收。蚕豆从开花至鲜荚采收一般在30~40天，从外观看籽粒饱满、无茸毛、豆荚浓绿、荚形略朝下倾斜，是摘鲜的最适期。

（5）蚕豆秸秆翻压利用。①翻压期：蚕豆采收结束即可翻压，宜早不宜吃，以保证秸秆在田间的腐解速度，越迟秸秆木质化程度越高，腐解速度越慢。②翻压量：据田间抽样，蚕豆采鲜荚后的秸秆地上部分生物量每亩1 500kg左右，因此可以全部翻压作肥。③翻压方法：结合整地翻耕进行蚕豆秸秆翻压。翻耕后田面保持3~5cm水深，促进秸秆腐解。

（二）单季水稻栽培技术

1. 适期播种、移栽

播种前选晴天晒种1~2天，提高种子发芽率，随后用浸种灵浸种72小时，预防恶苗病等。水稻一般在5月中下旬播种，机插秧每亩大田用种量为3~4kg。秧龄控制在30天左右。移栽时，定植行距25cm、株距15cm，每穴栽2~3株苗。如种植密度过大、播种或移栽过迟，水稻生育期缩短，易造成产量下降，同时也会影响下茬作物的生长[5]。

2. 单季水稻的肥水管理[4]

（1）施肥总量。按照亩产水稻稻谷600kg计算，约需氮肥（N）12~15kg，磷肥（P_2O_5）6~8kg，钾肥（K_2O）10~14kg。如果翻压1 500kg蚕豆秸秆，相当于提供氮（N）9kg，磷肥（P_2O_5）1.5kg，钾肥（K_2O）7.5kg，不足部分用化肥补足，每亩约需补充的化肥量为尿素6.5~13.0kg，过磷酸钙37.5~54.2kg，氯化钾4.2~10.8kg。

（2）整地施基肥。水稻移栽前，施入补充的全部磷肥、钾肥和60%的氮肥，耙平待插。

（3）追肥。水稻移栽1周后，追施剩余40%的氮肥。

（4）水分管理。秧苗插后寸水护苗，返青后薄水浅灌，促进分蘖，中期在发足茎蘖数后及时进行轻搁田，控制无效分蘖，抽穗灌浆期实行湿润灌溉，收获前 10 天左右脱水晒田，以利后作。

二、果园套作蚕豆栽培模式及技术

间套作是中国传统农业耕作制度之一，能提高光、热、水、肥等资源利用效率、防治病虫害、增加农业生产系统的生产力和稳定性等优点，是促进农作物高产、高效、持续增产的重要技术措施之一，也是中国农业生产的基本模式之一，能达到用地与养地相结合的目的，同时显著提高了单位面积的经济效益，是解决农民增产不增收的有效方法[6]。在农林生产中，间套作作为一种耕种模式被广泛应用大量研究证实，果园间套种可提高单位面积的复种指数，充分利用园间的水肥条件而抑制果园杂草生长，促进果树长，提高果品产量和品质、提高土壤肥力、有效改善果园小气候，经济效益、生态效益显著[7-10]。

近年来葡萄园套作蚕豆，是浙江衢州的一种种植模式，从衢州莲花省级现代农业园区招海葡萄专业合作社试验示范的结果表明，该社建立了 46hm^2 的葡萄园套种绿肥蚕豆化肥减量增效示范方。利用当年 10 月至翌年 5 月间长达 7 个月的葡萄休眠期，在葡萄园里套种蚕豆，可增加鲜豆荚、鲜豆秆两项产出，做到土地利用率提高、经济效益提升、土壤质地改良，一举三得。

模式内容。蚕豆对土壤的适应性较广，对土壤质地的要求较低。由于豆科植物特有的根瘤菌的固氮能力极强，据相关研究表明每公顷蚕豆可固定空气中的氮素达 50kg，为维持套种的蚕豆正常生长，仅需提供磷、钾肥即可，又因葡萄园内施肥普遍偏重，葡萄园土壤中富余养分较多，套种蚕豆几乎不用施肥。

在葡萄休眠期内，10 月中下旬每垄葡萄两侧各套种一行“日本大白皮”“慈溪大白蚕”等高等优质大粒蚕豆。当蚕豆开花结荚后，剪除植株顶端 5～10cm，可集中堆放在葡萄植株根部；采收 1～2 批鲜豆荚作为鲜食蔬菜销售后，拔除植株，可打碎后堆置在葡萄根部也可开沟翻入土壤中，由于蚕豆秸秆中空、多汁，易腐烂分解，是优质绿肥，对增加葡萄园土壤有机质、促进土壤质地改良十分有利，为葡萄生长提供良好的土壤基础。

模式效应。每公顷葡萄园可收获鲜食蚕豆荚7 000多 kg，仅此项就可增收10 000多元；鲜豆秆开沟翻耕压入土壤中，是一种优质绿肥，既能充分利用蚕豆固定的氮素，又能将蚕豆生长过程中吸收的土壤中多余的养分以有机养分的形式返回土壤，减少了在葡萄休眠期内土壤养分的流失，降低了水体富营养化等各种潜在的环境污染风险。据分析研究，鲜豆秆平均含氮 0.368%、五氧化二磷 0.055%、氧化钾 0.365%，按每公顷蚕豆约产出鲜豆秆 13 000kg 计算，相当于每公顷葡萄园可少施尿素 102kg、过磷酸钙 6kg、硫酸钾 79kg，化肥减量效应十分显著；同时，蚕豆秸秆还田还能促使土壤有机质提升，理化性状得到改良，葡萄的商品性亦能得到改善，葡萄色泽更加光亮，皮薄肉嫩，粒大味美，每公顷单价可提高 0.5 左右，每公顷可增收3 300元。

根据唐永生[11]制定的曲靖市“桑园套种鲜食蚕豆高效种植技术规程”（DG5303/T10-2015）地方标准，作为提高鲜食蚕豆单产水平和质量标准依据。应用云 147、凤豆 6 号等蚕豆新品种，按照桑树种植规格为 120cm×33cm 的田块，在桑树间条播 2 行；桑树种植规格为 150cm×33cm 的田块，在桑树间条播 3 行，株距保持 12~13cm。云豆 147 等分枝强的品种用种量 150~180kg/hm^2，保证90 000~120 000株/hm^{2}基本苗；凤豆 6 号等分枝弱的品种用种 180~225kg/hm^2，保证 150 000株/hm^{2}基本苗。结合肥水管理、综合病虫害防治和适时采收等综合配套技术的运用，曲靖市每年推广应用3 000多 hm^2，单产鲜荚12 800 kg/hm^{2}左右，淡季上市，市场平均价格 5 元/kg，产值约为64 000元/hm^2，年产值 1.9 亿元左右，社会经济效益显著。

第四节 蚕豆及秸秆综合利用

一、肥料化利用

利用蚕豆根部有大量根瘤，能固定空气中游离氮素等作用，将秸秆压青还田，向土壤提供丰富的有机质肥源和大量营养养分，对改良土壤、地力培肥效果明显。根据[12]研究结果表明：一般每亩根瘤菌可以从空气中固定氮素 5~10kg。稻蚕豆鲜荚收获后，残留的鲜茎叶质地柔软，养分含量高，蚕豆鲜秸秆平均水分含量 85.7%，地上部干物质有机物含量 8 286gkg1，N 含量 29.9gkg，P2Os 含量 48gkg-，K2O 含量 26.3gkg2；每亩翻压蚕豆秸秆 1 500kg，与蚕豆秸秆未还田对照相比，土壤有机质含量提高 6.8%、土壤容重下降 69%。土壤全氮增加 8.7%，全磷增加 16.9%，全钾增加 54%，有效磷增加 24.2%，速效钾增加 25.0%，通过连续翻压蚕豆秸秆，可能改良土壤结构性、通气性、缓冲性和供肥能力等土壤理化性状和生物特征，能提升土壤地力。

二、饲料化利用

蚕豆秸秆营养成分蚕豆秸秆富含蛋白质、氨基酸、微量元素等营养成分，与其他农作物秸秆相比，蚕豆秸秆营养成分含量更高，具有很高的利用价值。通过物理处理或发酵处理开发成猪、羊、牛、鹅等家畜的粗饲料，提高饲料的营养价值；根据徐晓俞[13]引用报告的数据显示，蚕豆秸秆的蛋白质及蛋白质消化率均高于水稻、玉米、高粱、大小麦、大豆，分别为12.5%和76.2%。蚕豆“大朋一寸”采青期秸秆粗蛋白质含量23.5%、氨基酸总含量16.65%、粗纤维含量18.8%、含钙1 020mg·hg^{-1}、含磷718mg·hg^{-1}，是食草畜禽的优质饲料原料。

给草鱼投喂蚕豆可改变其肌肉品质，使其变得紧硬而爽脆，不易煮烂口感独特，这种脆化后的草鱼被称为“脆肉鲩”[14]。目前已有关于脆化草鱼和普通草鱼在生长性能、肉质、消化酶活性等方面不同的报道[15,16]。投喂蚕豆饲料和去皮蚕豆饲料对草鱼的生长性能无负面影响，并均能改变草鱼的肌肉品质，且肌肉品质的改变与蚕豆皮没有必然联系[17]。

三、药食化利用

蚕豆是人们喜食的一种家常蔬菜。鲜嫩的豆粒，煮吃、炒吃、生吃均可。茴香豆、蚕豆泥，更是美味可口的下酒菜。晒干的蚕豆还可做成多种副食品，如“沙胡豆”“糊胡豆”“兰花豆”等。蚕豆营养丰富。除含蛋白质、脂肪、碳水化合物外，特别是氨基酸的种类比较齐全，尤其赖氨酸含量丰富。蚕豆中还含有粗纤维和钙、磷、铁、锌、锰等营养成分。蚕豆是低热量食物，为高血脂、高血压和心血管病患者较理想的食物。蚕豆除可食用外，还有药用价值。中医认为，蚕豆味甘性平，无毒，有健脾、补中、益气、利湿的功效，可治膈食、水肿、吐血、咯血等症。将嫩蚕豆捣烂成泥敷患处，可治疮疖初起。干豆瓣磨成细粉调香油擦抹，可治面部春花癣。还能使皮肤细嫩，有一定的美容作用。蚕豆的苗、花、壳、茎、叶也都可入药蚕豆嫩苗可用来醒酒，干蚕豆花可治吐血、咯血、鼻出血，还有降压功效[18]。

四、生态化利用

近年来，Saidi 等[19]通过16s rDNA-PCR 分析了从蚕豆根瘤分离的微生物发现其中有45%的微生物与 Rhizobium le guminosarum USDA2370^{T}极为相似，同源性达9g.34%，可见根瘤菌在根瘤内生菌群中占有重要地位。豆科植物接种根瘤菌，一方面可以改善土壤营养增强植物抗逆性提高农作物产量；另一方面又可以降低化肥的施用量减少环境污染，有助于早日实现中国提出的化肥使用量零增长的目标。此外，作物的残枝败叶还可以优化盐碱土壤中微生物群落结构。解钾菌和芽孢杆菌数量增加等，为下一年的作物生长提供营养实现良性循环。本研究中蚕豆根瘤菌菌株 Hlu610041 和 Huol0055 的表现整体上优于其他菌株，固氮活性高，可优先考虑用于农业生产中菌剂的制备。

中国是利用绿肥最早的国家，长期应用研究表明，绿肥在提供农作物所需养分，改良土壤，改良农田生态环境和防止土壤侵蚀及污染等方面具有良好的作用。鲜蚕豆茎叶平均养分含量为：粗有机物 20.4%、C/N17.1、全氮（N）0.45%、全磷（P）0.05%、全钾（K）0.30%，各种微量元素的平均含量为：铜 3.0mg/kg、锌 68mg/kg、铁 176.0mg/kg、锰 9.8mkg、硼 4.2mg/kg、钼 0.31mg/kg；钙、镁、硫、硅平均含量分别为：0.37%、0.06%、0.04%g、0.11%。按照全国有机肥品质分级标准，蚕豆茎叶属二级[20]。

在南方稻区，蚕豆—单季晚稻耕作制中，蚕豆鲜秆翻压还田（异地还田 15t/hm^2）不会对单季晚稻秧苗产生毒害现象。根据王建红等[21]试验结果，蚕豆与单季晚稻轮作，由于蚕豆生长期施入了较多量的化肥，这些养分不会因蚕豆吸收和养分流失而完全损失，因此蚕豆鲜荚采收后蚕豆鲜秆还田，若蚕豆鲜秆产量在 15t/hm^2 左右时，单季晚稻生产中化肥的配施量低于常规施肥量的 60%比较合理。它不仅可维持单季晚稻的最高产量和最佳经济效益，显著提高投入 N、P、K 养分的农学利用效率，还可以有效防止肥料的损失及因肥料过量施用而带来的环境问题，具有经济和环境双重效益。

参考文献

[1] 陈凤梅，林欣欣．发展蚕豆生产增加农民收入［J］．福建农业，2005（1）：9.

[2] 宋度林，李付振．浙江省蚕豆生产发展状况及对策建议［J］．浙江农业科学，2015，56（1）：74-76.

[3] 叶涌金，朱翠香，蔡荣友．蚕豆—水稻高产栽培技术［J］．现代农业科技，2007（2）：69-70，72.

[4] 引自王建红等．浙江省鲜食蚕豆——水稻轮作技术规程．

[5] 董芙荣．青蚕豆-水稻高效栽培模式．上海蔬菜［J］．2017（6）：42-44.

[6] 王代谷，韩树全，刘荣，黄海，范建新．澳洲坚果山地幼龄果园套作模式效益分析［J］．江西农业学报．2017，29（7）：31-35.

[7] 易显凤，赖志强，蔡小艳，等．果园套种豆科牧草试验研究［J］．草业科学，2010，27（8）：161-165.

[8] 俞立恒，毛培春，孟林，等．京郊果园种植几种优质园草覆盖越冬技术研究［J］．草业科学，2009，26（6）：166-171.

[9] 董素钦．果园套种牧草对生态环境、培肥地力的影响［J］．现代农业科技，2006（12）：

11-12.

[10] 曾馥平，王克林．桂西北喀斯特地区 6 种退耕还林（草）模式的效应［J］．农村生态环境，2005，21（2）：18-22.

[11] 唐永生，王勤方，施俊帆，王云华．桑园套种鲜食蚕豆技术模式应用及效益分析［J］．农业科技通讯．试验研究 2015（11）：107-109.

[12] 黄功标．闽东南沿海冬季蚕豆菜肥两用技术．中国蔬菜［J］．2013（23）：47-48.

[13] 徐晓俞，李爱萍，吴凌云，等．蚕豆秸秆绿灯侠利用研究进展［J］．福建农业学报．2015，30（2）：204-207.

[14] 谢骏，王广军，郁二蒙．等．脆肉鲩无公害养殖技术［J］．科学养鱼，2012（2）：19-20.

[15] 甘承露，郭姗姗，荣建华，等．脆肉鲩肌肉主要营养成分的分析［J］．营养学报，2010，32（5）：513-515.

[16] 李宝山，冷向军，李小勤，等．投饲蚕豆对不同规格草鱼生长、肌肉成分和肠道蛋白酶活性的影响［J］．上海水产大学学报，2008，17（3）：310-315.

[17] 毛盼，胡毅，郇志利等．投喂蚕豆饲料和去皮蚕豆饲料对草鱼生长性能、肌肉品质及血液生理生化指标的影响［J］．动物营养学报 2014，26（3）：803-811.

[18] 范士忠．药食兼用话蚕豆［J］．家庭中医药．2012，6：75.

[19] SAIDI S，CHEBIL S，GTARI M，et al. Characterization of rootnodule bacteria isolated from Vicia faba and selection ofgrowth promoting isolates［J］．World J Microbiol Biotechnol2012，29（6）：1099-1106.

[20] 蒋玉根，等．化肥减量应用技术与原理［M］．中国农业科学技术出版社．化肥减量应用技术与原理 87，92.

[21] 王建红，张贤，曹凯，华金渭．等量蚕豆鲜秆还田配施不同比例化肥对单季晚稻的影响［J］．应用生态学报 2015，26（5）：1365-1372.

第八章　当前存在的问题及展望

2018 年 3 月 30 日，全国稻田绿肥现场观摩及区域绿肥发展交流会在湖南省益阳市举行，全国多位绿肥专家参会，共商绿肥发展事宜。国家绿肥产业技术体系首席科学家、中国农业科学院农业资源与农业区划研究所曹卫东研究员认为：种植绿肥“不仅美了乡村，也肥了稻田”，同时，绿肥生产对推动化肥减量增效、耕地质量保护提升、农业可持续发展有着重要意义。

当前，中国既有发展绿肥的迫切需求，也有发展绿肥的空间潜力。面对耕地质量退化、生态环境恶化、农田闲置化等问题，绿肥生产在有效解决这些问题上具有不可替代的显著作用。中国粮食主产区高产田的产量水平已基本接近耕地的生产能力，产量进一步提高的空间不大，并且投入高、环境压力大、效益低；相对而言，中低产田的粮食产量水平仍有较大的提升空间。而中国现有 18.26 亿亩耕地中，中低产田约占 70%[1]，通过种植绿肥培育地力，可达“藏粮于地”的目的，保障中国粮食生产安全。同时，种植绿肥降低农业生产化肥用量，减少农业面源污染风险。因而在以“绿水青山就是青山银山”发展理念主导的农业生产中，绿肥生产更显迫切需要。在不影响粮食生产的情况下，中国绿肥发展空间潜力很大。由于经济结构的调整和农村劳动力的转移，目前中国存在大量的空闲田（特别是冬闲田），如南方 15 省区有冬闲水田 870 万 hm^2，占水田 50%，其中广东、福建、湖南、广西等超过 667 万 hm^2[2]；华北地区大田栽培作物大多一年一熟，冬季休闲土地面积近 200 万 hm^2[3]。西南旱地非常适宜粮肥轮作形式；而在8 521.3万 hm^2（70%耕地）中、低产耕地通过间、套、轮作等方式，可插入 30%左右的绿肥；还有约以种植苹果、梨、枣、板栗、银杏、油桐籽、油茶籽、生漆、杜仲、厚朴等经济林园2 000万 hm^2[4]，园行间空地约占 30%～50%，可以种植覆盖性绿肥，等等。粗略估计，中国可以种植、利用绿肥的传统及潜在农区、经济林园等面积约 0.5 亿 hm^2，甚至更大。如果能实现 30%左右的种植目标，就可以将全国绿肥种植面积恢复到 0.15 亿 hm^2[5]。

另外，中国还有大量的无林地、荒漠化土地和沙化土地。据林业部门统计，全国现有 0.57 亿 hm^2无林地、2.64 亿 hm^2荒漠化土地、1.74 亿 hm^2沙化土地。这些地区特别适合发展能在干旱、盐碱条件下正常生长的先锋绿肥作物，例如沙打旺。先锋绿肥作物具有耐干旱、瘠薄、盐碱等许多优点，其更突出的特点是在恶劣的条件下，生物量依然很大，一般可以达到紫云英的2~5倍。因此，利用无林地、荒漠地种植绿肥，效益将十分可观[5]。

然而，长期以来由于化肥使用量激增、复种指数提高、绿肥当季无效益等因素，导致绿肥生产一直处于萎缩状态之中，发展绿肥还存在一些问题。

第一节　发展绿肥存在的问题

一、绿肥认识不足，种植积极性不高

绿肥种植从长远来看，对整个农业体系有益，从宏观来看可以对整个农业生态系统起到平衡的作用，与土地的持续利用，农业生态环境建设密不可分，但耕地地力的培肥和农业环境的改善是一项长期的、系统的工程，投入大、见效慢，绿肥种植短期经济效益不明显，大多数农民都未意识到绿肥的重要性，对绿肥培肥地力、养用结合、“以小肥换大肥”的长期效益认识不足。随着农村劳动力进城务工，农村劳动力严重缺乏，尤其缺乏青壮年劳力，而与化肥施用方法简单，见效快，省工、省时相比，绿肥翻压不仅需要大量的劳动力，且需必要的绿肥翻压机具，这对目前广大农村均为较大的难题，因此，农民不再把种植绿肥作为农作物提供营养物质的重要途径之一，不愿在种植绿肥上下功夫，绿肥种植积极性不高，导致绿肥生产持续走下坡路[6-11]。

二、绿肥种源不足，绿肥种植技术粗放

绿肥种质资源是绿肥生产利用的基础，种源的丰富程度及其生产潜能直接影响到其产业的发展规模。中国生产上常用的绿肥有4科20属26种，500多个品种，但由于从20世纪80年代开始，绿肥品种收集整理、提纯复壮和选育工作被迫停止，当前生产上仍在应用的绿肥作物品种大多是30年前甚至更久以前的品种，这些品种种性混杂、退化、产草量严重下降。更严重的是，部分优良的地方品种已经在生产上消失；不少地区品种、数量依然不足，绿肥种源获得不方便；同时，绿肥品种结构单一，如适宜于南方的绿肥品种十分有限，专业绿肥长期处于紫云英、苕子和箭舌豌豆等传统品种一统天下的局面，如截至2015

年，美国登记的苜蓿品种有733个，而中国仅80个，美国是中国的近10倍。优质种质资源的缺乏严重阻碍了绿肥的发展[1,6-11,13]。另一方面，缺乏绿肥生产技术的创新，也严重限制了绿肥对于现代农业应有的贡献。虽然近60年以来中国在绿肥栽培技术方面取得了一些成绩，如在绿肥轻简化生产共性关键技术、晚稻高茬套种绿肥技术及多项绿肥生产利用技术规程的研究取得了一些突破[14]，但在实际生产中，绿肥的大多种植、利用技术及经验形成于20世纪60年代到80年代[1,8]，由于种植季节不合时、除草技术不先进、播种不合理等问题等造成大面积绿肥栽培失败的例子常有发生[15]。和以前比较，当前的作物品种、施肥水平及施肥方式等已经发生了巨大变革，因此，需要对绿肥种植、利用中的关键技术进行进一步研究和集成优化。绿肥种植利用需要占用空间、时间、劳力等，如何根据不同生态区的特点将绿肥纳入种植制度、解决绿肥与主作物之间的合理搭配，也是绿肥种植、利用的主要问题[1]。种植绿肥消耗较多的水分，极易引起与主作物争水的矛盾，对于水资源较为匮乏地区突破水分一体化的绿肥管理模式是推广绿肥种植的前提[16]。特别在现代农业机械化方面，更是缺乏绿肥生产过程中涉及播种、开沟、翻压、收割、收获和种子加工等一系列的作业环节的机理、关键部件结构形式、结构参数和运动参数的系统研究，绿肥机械设计与实际农艺情况整合度不高，作业效率和效果都难以保障绿肥生产需要，在不断扩大规模的绿肥种植中，提高绿肥机械化水平相关技术显得迫切需要[17]。在2018年3月30日全国稻田绿肥现场观摩及区域绿肥发展交流会专家就指出，绿肥品种及轻简化栽培技术缺乏是影响目前绿肥恢复发展的重要约束因素之一。

三、缺乏资源多元化开发利用，经济效益低下

发展绿肥产业具有社会、生态和经济效益。经济效益决定着农民种植绿肥的积极性，是加快绿肥产业发展进程的前提。开发多元化的绿肥产品，可以增加绿肥种植的经济效益[16]。一直以来，对于绿肥在肥田、增粮、饲料、防止水土流失等方面作用研究颇多，在绿肥其他功能上如高营养食品、保健品甚至药品等领域研究很少，绿肥的增值效益无法体现。如紫云英蜜草蜜或草子蜜，是中国南方春季主要蜜种，其性甘，有益于消化系统病变及食欲不佳者，能减轻胃部灼热感，消除恶心反胃，缓解胃肠黏膜炎症病变的刺激症状，帮助食物消化与促进溃疡的愈合；紫云英还是富硒植物，紫云英吸收无机硒后都转化为有机态硒，且主要以蛋白态硒存在，而有机态硒是可以被人体安全吸收利用的，具有显著较高的生物学价值[18]。紫花苜蓿中主要化学成分为黄酮、三萜、生物碱、香豆素、蛋白质和多糖，具有抗菌、抗氧化、免疫调节、降低胆固醇等多方面的生物活性[19]。苜蓿、苕子中的多糖成分，在一定剂量范围内具有增强免疫功能和抗感染的功效，还可治疗高胆固醇，

及强化血管和预防动脉硬化、血栓症、降血糖、抗辐射和心肌梗塞等[20,21]。如何利用绿肥诸多特点进行综合开发新产品、大幅度提高其经济效益，是促进绿肥生产跃上新台阶的关键。

四、空间分布不均，发展动力不足

长期以来，中国绿肥生产多集中在长江中下游一带及其南方高温高湿地区，北方种植面积有限，旱地使用的习惯尚未形成。而且绿肥留种基地缺乏，大部分种子需由外地调入，种源杂，质量难以保证，许多农户常因不能及时购到满意绿肥种子而使一些耕地冬闲撂荒[9,22]。在同一个省份，同样存在区域发展的不平衡性，如多年来贵州省，绿肥种植主要集中在毕节、黔东南等地，种植面积上有的地区有所发展，且较稳定，而有的地方时起时伏。如毕节市绿肥种植由于当地领导重视，匹配专项资金，因而发展较好，2016 年绿肥种植面积统计为 9.774 万 hm^2，而有的地区，由于种子价格过高，匹配资金不足等原因，种植绿肥动力不足，导致绿肥种植面积下降，出现起伏[6]。

五、资金投入少，政策扶持力度不够

除部分绿肥用于饲料外，绿肥的作用基本体现于公益效益上，直接经济效益不高，因而相关政府部门支持力度不够。农业上享受国家相关政策和补贴的内容很多，如粮食补贴、农资综合直补、良种推广补贴、农机具购置补贴等，引起了农业生产主体的积极性。而绿肥种植还没有类似的政府支持和保护政策，这个问题暴露出来的一个尖锐问题是绿肥种子价格在市场上的形成完全由农民和生产厂商来承担风险，而不受最低市场价保护[23]。虽然近几年来，农业部门在开展“沃土工程”、“土壤有机质提升项目”及“耕地质量提升项目”等多项土壤肥力提升项目中，政府投入大量资金，对绿肥种植进行了种子补贴政策，甚至少数市县对规模种植绿肥进行了补贴措施。但绿肥生产受益区域及面积十分有限，即使是项目实施区域，项目一结束，农民种植绿肥积极性很快又下降，导致了绿肥产业发展因得不到政府长期稳定的政策保护而受阻。

六、科技研究较少，综合效应评价不足

有研究认为[24]，绿肥产业的发展有赖于科技力量的支持。历史上，中国从中央到省、

地市的农业科研单位均设有专门研究绿肥的机构或专人，形成了一个独立的学科体系。并根据生产和学科发展的需要，于1963年组建了全国绿肥试验网，负责组织实施全国的绿肥科研工作，在试验网的影响下，各省、市、县（区）对于绿肥研究也给予了高度重视，在种质资源培育及栽培技术的发展起到了很大的促进作用[14]。但这项工作已中断多年，绿肥研究与其他研究热点相比，已渐渐被边缘化，严重影响了绿肥产业技术水平的创新性和先进性进展。另外，国内外的肥料效应研究多集中在化肥领域，关于绿肥对土壤氧化还原反应及残留效应研究较少。不同的绿肥在相同的土壤中改良的效应不同，同样的绿肥在不同的土壤中改良的效应也不同，这些就需要进一步研究绿肥的效应评价与分析，建立绿肥相应的效应模型，为绿肥的发展提供可依据参数[12]。

第二节　发展绿肥产业的展望

一、强化宣传，提高思想认识

首先要大力宣传绿肥的重要作用，加强科技普及工作。各级政府应高度重视发展绿肥，从政策和舆论上鼓励和宣传种植、利用绿肥，向农户及社会各界宣传绿肥不仅有经济效益，更有重大的环境和社会效益，强调给子孙留下良田沃土的重要性，大造发展绿肥声势。通过电视、广播、网络、黑板报、墙报等媒体，利用农民技能培训、科技下乡等一切有利时机，广泛宣传种植绿肥的好处和作用，宣传适合本地的绿肥品种和配套技术，做以家喻户晓，形成种植绿肥的良好氛围，最终把发展绿肥生产变为广大农民的自觉行为。其次是办好示范样板，以点带面，辐射带动。设立绿肥示范基地建设项目，通过资金补助、免费提供绿肥种子等方式扶持绿肥示范基地建设，充分发挥示范田的示范、宣传、带动作用。最后加强技术培训。狠抓对基层干部和农民技术员的培训工作，提高了广大农民的绿肥栽培技术，解决了大面积发展绿肥生产过程中技术力量严重不足的问题。

二、加大科技研发力度，促进技术创新

鉴于当前存在的诸多绿肥产业发展的瓶颈问题，考虑到绿肥的公益性和基础性地位，有必要恢复全国性的试验网络，有顺开展绿肥的相关性研发工作。育种方面，在建立育种基地进行常规育种的基础上，积极探索新技术，如辐射育种、生物技术育种（组织培养、

DNA 重组）等，争取增育出适合坡地、沙地、荒山草坡、盐碱地等农业难以利用的土地种植的新品种；培育出不同区域及不同种植制度下适宜生产的地方新品种；培育出养分价值高、产量稳定及其抗逆性优质品种；培育食用型、观赏型适应现代生态农业发展的新品种。栽培技术方面，集中力量研究集成轻间化种植技术，推广经济效益好、操作简单、容易推广、农民容易接受的种植模式；研究提高绿肥的生物固氮、生物富集、生物覆盖、生物化感、污染土壤生物修复等技术措施；粮食作物、经济作物、果林间等高效套种技术，提高耕地利用率及其经济效益；盐碱地栽培技术，促进中国大量盐碱地的开发利用；机械化栽培技术，提高绿肥生产的效率等。绿肥用途产品方面，开展绿肥综合利用技术研究，如青饲、青贮、食用、加工、保健品及医学等，以提高绿肥生产的直接经济效益；研发绿肥与其他作物生产的特色产品技术，如有机大米、富硒茶等，提高产品附加值。

同时，加强基层科技推广队伍的建设。对于已成熟的科研成果要加大力度去推广应用，把科研成果转变为生产力，产生更大的经济效益、生态效益和社会效益。

三、多元化开发利用，提高绿肥经济效益

发展绿肥产业具有显著的社会、生态和经济效益。经济效益决定着农民种植绿肥的积极性，是加快绿肥产业发展进程的前提。但绿肥单纯的基础功能—耕地地力培育因短期不会产生经济效益而无法调动农民的积极性，只有通过开发多元化的绿肥产品，增加绿肥作物的附加值才能激励农户绿肥种植。如多种绿肥可作为优质牧草，生产草产品。有研究表明，一年生的鲜绿肥饲用粗蛋白含量能达到 3.76%，多年生的紫花苜蓿饲用价值粗蛋白含量最高达 4.91%，绿肥的饲料价值如果能充分利用，将为发展畜牧业提供重要的资源[12]。苜蓿草产品有草捆、草颗粒、草粉等，通过市场出售直接增加农民收入。二月兰种子油富含亚油酸，可防治心脑血管疾病；其嫩叶富含胡萝卜素、维生素 B、维生素 C，可作为早春蔬菜上市。还有前面所提到的苜蓿中生物活性成分开发生产保健品等，通过多元化开发绿肥产品，充分挖掘绿肥的增产价值、营养价值、食用价值、药用价值来提高绿肥的综合利用效益，使其发挥最大的经济效益，吸收农民自觉加入到绿肥产业中来，推动绿肥向前发展。

四、建立长期保护政策，激发农民种植绿肥积极性

冬种经济作物不断增加，冬种绿肥积极性相应减少。随着市场经济的发展，农民注重生产效益，冬种作物经济收益快，效益高，冬闲田农民普遍选择冬种经济作物而不种绿

肥。另外，施用化肥使农田生产能力在短期内得到快速补充，并使作物得到高产。种植绿肥能养地，但见效慢，是一项长期效应，相对于施用化肥的短期效益，大部分农民只看眼前利益，没有耐性和积极性种植绿肥。种植、利用绿肥，确实是一项重要的生态农业技术措施。因而鼓励种植绿肥更需要相应的激励、经济补贴措施。政府要将种植绿肥作为一项农田基本建设工程，与粮食、经济作物同等对待，列入生产计划，采取优惠政策，从资金、物质上给予扶持。一是要恢复绿肥种植补贴制度，加大补贴力度。在有条件的地区，可实行由政府补贴，统一供种甚至是统一播种和统一翻压的方式；鼓励各级农业部门创办绿肥高产示范样板，开展绿肥高产竞赛活动，对绿肥种植面积大的农民专业合作组织、种粮大户和科技示范户按有关规定给予奖励。二是要制定有关地力保养法规，明确对农民承包田的养地责任，鼓励农民增加养地投入。三是实行绿肥种子最低保护价收购，做到良繁基地生产的绿肥种子实行最低保护价及时足额收购，种业公司收购的绿肥种子保本微利最低保护价足额采购。积极探索将紫云英种子生产优先纳入农业保险，降低绿肥留种风险，保障绿肥生产有充足的优质种质资源。另外，为推动绿肥机械化作业，还可设立绿肥机械购置专项补贴，加大绿肥机械的购置补贴力度，以充分调动农户购置农机具的积极性，积极实施农机作业和技术补贴，加快绿肥机械化生产先进适用技术及机具的推广应用。

总之，绿肥是中国传统农业的精华，在中国数千年的农业生产中起到了举足轻重的作用。绿肥是生态农业的重要组成部分，其公益性、基础性地位十分突出。抢救农业瑰宝，恢复和发展绿肥，对于中国现代农业发展，对于应对气候及环境变化，对于造福子孙后代，意义都十分重大。同时，随着中国生态环境型发展理念的形成，绿肥产业迎来了难得的历史发展机遇，可以预见，未来中国的绿肥产业将会有更大的发展空间。

参考文献

[1] 陈印军，肖碧林，方琳娜，等. 中国耕地质量状况分析 [J]. 中国农业科学，2011，44（17）：3557-3564.

[2] 王华，杨知建，李果. 我国南方双季稻区冬闲田种草模式探讨 [J]. 作物研究，2014，28（2）：201-203.

[3] 赵秋，高贤彪，宁晓光，等. 华北地区几种冬闲覆盖作物碳氮蓄积及其对土壤理化性质的影响 [J]. 生态环境学报，2011，20（4）：750-753.

[4] 韩友志，孙绍鹏，王猛. 浅述我国经济林发展现状和对策 [J]. 防护林科技，2014，128（5）：53-54.

[5] 曹卫东，黄鸿翔. 关于我国恢复和发展绿肥若干问题的思考 [J]. 中国土壤与肥料，2009，4：

1-3.
[6] 吴康，夏忠敏，唐志坚．绿肥在贵州可持续农业发展中的作用与对策建议［J］．耕作与栽培，2017，3：70-71.
[7] 曾茜茜，陆世忠．浅谈绿肥种植的意义与发展策略［J］．土肥植保，2014，31（4）：71-72.
[8] 包兴国，曹卫东，杨文玉，等．甘肃省绿肥生产历史回顾及发展对策［J］．甘肃农业科技，2011，12：41-44.
[9] 曹文．绿肥生产与可持续农业发展［J］．中国人口·资源与环境，2000，10：106-107.
[10] 曹文．绿肥生产发展与农业可持续发展［J］．科学与管理，2007，(b10)：98-99.
[11] 郑梦圆，耿赛男，陈益银，等．绿肥对紫色土改良的重要性及相关性研究［J］．湖南农业科学，2016，2：280-284.
[12] 李子双，廉晓娟，王薇，等．我国绿肥的研究进展［J］．草业科学，2017，30（7）：1135-1140.
[13] 杨青川，康俊梅，张铁军，等．苜蓿种质资源的分布、育种和利用［J］．科学通报，2016，61（2）：261-270.
[14] 曹卫东，包兴国，徐昌旭，等．中国绿肥科研60年回顾与未来展望［J］．植物营养与肥料学报，2017，23（6）：1450-1461.
[15] 潘霞，高永，刘博，等．苜蓿产业发展现状及前景展望［J］．绿色科技，2017，13：104-107.
[16] 秦文利，刘忠宽，智健飞．绿肥在河北省现代农业发展中的作用及其高效种植技术模式［J］．河北农业科学，2017，21（1）：57-62.
[17] 吴惠昌，游兆廷，高学梅，等．我国绿肥生产机械发展探讨及对策建议［J］．中国农机化学报，2017，38（11）：24-29.
[18] 林新坚，曹卫东，吴一群，等．紫云英研究进展［J］．草业科学，2011，28（1）：135-140.
[19] 朱见明，李娜，张亚军，等．苜蓿黄酮的研究进展［J］．草业科学，2009，26（9）：156-162.
[20] 王彦华，王成章，史莹华，等．苜蓿多糖的研究进展［J］．草业科学，2007，24（4）：50-53.
[21] 葛亚龙，杨恒拓，余凡，等．毛苕子籽多糖的微波提取工艺优选及抗氧化活性考察［J］．中国实验方剂学杂志，2013，19（9）：52-54.
[22] 赵晶云，刘学义，马俊奎．半野生大豆应用于绿肥牧草的前景分析［J］．大豆科技，2015，5：27-31.
[23] 潘霞，高永，刘博，等．苜蓿产业发展现状及前景展望［J］．绿色科技，2017，13：104-107.
[24] 刘志英，李西良，齐晓，等．1950年以来中国学者对苜蓿属的研究：历史脉络与启示［J］．草业学报，2015，24（10）：58-69.

图1　红花紫云英

图2　紫云英示范方

图3　紫云英套种油菜

图4　山垄田种植紫云英

图5　紫云英产量验收

图6　紫云田撒施石灰

图7　黑麦草

图8　黑麦草试验

图9　黑麦草发达根系

图10　黑麦草示范区

图11　黑麦草示范区

图12　农户收割黑麦草

图13 苜蓿紫花

图14 紫花苜蓿花

图15　苜蓿示范方

图16　紫花苜蓿

图17　苕子花

图18　苕子套种

图19　苕子示范方

图20　苕子花

图21　苕子花

图22　苕子花蕾

图23　箭舌豌豆

图24　桔园套箭舌豌豆

图25　葡萄园套种箭舌豌豆

图26　技术人员查看箭舌豌豆

图27　箭舌豌豆

图28　桔园套种箭舌豌豆

图29　蚕豆示范方

图30　蚕豆

图31　蚕豆套种葡萄园

图32　农民出售蚕豆